以时为步长 地表细小可燃物含水率预测方法研究

——以大兴安岭为例

◎于宏洲　著

中国农业科学技术出版社

图书在版编目（CIP）数据

以时为步长地表细小可燃物含水率预测方法研究：以大兴安岭为例 / 于宏洲著．—北京：中国农业科学技术出版社，2020. 6

ISBN 978-7-5116-4720-7

Ⅰ.①以…　Ⅱ.①于…　Ⅲ.①森林火—预测—方法研究　Ⅳ.①S762.2

中国版本图书馆 CIP 数据核字（2020）第 070495 号

责任编辑　崔改泵　李　华
责任校对　李向荣

出 版 者　中国农业科学技术出版社
北京市中关村南大街12号　　邮编：100081
电　　话　（010）82109708（编辑室）（010）82109702（发行部）
（010）82109709（读者服务部）
传　　真　（010）82106650
网　　址　http: // www.castp.cn
经 销 者　各地新华书店
印 刷 者　北京建宏印刷有限公司
开　　本　710mm×1 000mm　1/16
印　　张　7.25
字　　数　130千字
版　　次　2020年6月第1版　　2020年6月第1次印刷
定　　价　68.00元

前 言

森林火灾作为发生频率最高的自然灾害，始终伴随着人类生产生活长期存在。随着全球气候的日益变化，森林火灾的影响不只停留在生态问题上，更慢慢地发展成了一个严重的经济问题和社会问题。我国地域广阔，森林覆盖率快速上升，森林火灾情况也更为复杂。随着社会经济的发展，经济林资源也快速增多，城镇化进程加快和森林城市建设使我们离森林更近，林火发生概率大幅增加，我国未来也将进入森林火灾多发期。想要减少森林火灾对自然、社会、经济的影响，除了要有灵活快速的扑火应对能力外，对火情的提早预警也极其重要。

实践证明，森林大火通常是在特殊天气和特殊环境的共同作用下发生的，所以森林火灾预测预报的关键就在于对气象要素的预报和环境要素的准确掌握，而它们作用于森林火灾的关键点则是可燃物的含水率。因此，在森林火灾的防控预警活动中，可燃物含水率的准确预测起着至关重要的作用。

林内地表细小死可燃物主要由枯枝落叶等组成。地表死可燃物含水率（简称可燃物含水率）可直接影响死可燃物着火难易程度，因而有效地预测可燃物含水率对林火发生的预测有很大影响，是森林火险天气预报的重要内容，也是做好林火行为预报的关键。可燃物含水率时滞的研究开始于20世纪60年代，Albina等提出了时滞的概念，后由Byram改进完善。2001年，Catchpole等对可燃物含水率直接估计法进行了相关研究。2006年，Tudela等对10h时滞可燃物的含水率进行研究。之后的研究都是围绕这些理论开展。目前，有两种途径可提高可燃物含水率的预测精度：一是缩短预测时间步长，早期由于受观测条件限制，用于可燃物含水率预测研究的气象数据主要以10h至1d为步长，而以1h为步长的研究相对较少，难以满足短时间尺度的预测和科研需要。Catchpole等提出了基于时滞和平衡含水率的以时为步长的可燃物含水率直接估计法，包含广泛使用的Nelson和Simard两种方法，可直接从野外数据预测可燃物含水率，建立的模型精度高于传统的气象要素回归法，误差可控制在1.5%以下。理论上，该方法适用于加拿大地区及同属中国北方森林的黑龙江省大兴安岭地区森林地表细小可燃物含水率预测。在实际操作中，我国学者使用该方法在野外条件下预测了白桦（*Betula platyphylla*）和兴安落叶松（*Larix gmelinii*）纯林可燃物的含水率变化，但是应用于更多林分类型，以证明其适用性还需更多的实验佐证。二是建立全面的各种林分类型和立地条件的预测模型。但在实际研究中，建立所有模型的工作量巨大，一般是根据已建立的林分或立地条件的预测模型获得外推时的误差，有针对性地选择能够代表其他林分或立地条件的模型，以减少模型数量。即使这种情况无法有效地削减误差，但仍能根据预测结果的置信区间，对预测结果作出正确解释。金森等在实验室研究了兴安落叶松枯枝的含水率模型外推能力，证明研究前景广阔。但是应用于更多林分类型，以探讨其稳定性还需更多的实验证明。因此，本研究以地表细小可燃物燃烧难易程度的含水率预测为研究内容，采用大兴安岭地区6种典型地表细小可燃物为研究对象，使用直接估计法的3种模型来计算确定最优的平衡含水率模型，并分析其预测精度和外推精度，以期对森林火灾预防和森林资源保护提供科学依据。适于森林防火相关科研人员参考使用。

在本书撰写过程中，得到了东北林业大学森林防火学科、森林生态系统可持续经营教育部重点实验室以及中国林业科学研究院森林生态环境与保护研究所师生们的鼎力相助，谨以此书出版之际，感谢所有对本书完成给予支持和帮助的人们。

本书的撰写得到了“十三五”国家重点研发计划子课题（2017YFD0600106-2）、国家自然科学基金（31700575）、中央高校基本科研业务费专项资金（2572019CP10）的资助。

本书内容虽经精心编写，但因成书过程匆促和作者水平所限，错漏之处在所难免，恳请广大读者和学者不吝赐教。

著　者

2020年4月

目　录

1　绪论 …… 1
1.1　研究背景 …… 2
1.2　国内外研究进展 …… 6
1.3　研究的目的与意义 …… 9
1.4　研究内容 …… 10
1.5　创新点 …… 11
1.6　技术路线 …… 11
2　研究区概况 …… 14
2.1　植被 …… 15
2.2　气候 …… 15
2.3　地形地貌 …… 16
2.4　森林火灾情况 …… 16
3　研究方法 …… 17
3.1　引言 …… 17
3.2　样地野外观测 …… 17
3.3　数据处理与分析 …… 22
3.4　本章小结 …… 27
4　结果与分析 …… 28
4.1　引言 …… 28

4.2 落叶松林含水率预测与外推结果分析 …… 28
4.3 白桦林含水率预测与外推结果分析 …… 46
4.4 樟子松林含水率预测结果分析 …… 64
4.5 杨桦林含水率预测结果分析 …… 70
4.6 红皮云杉林含水率预测结果分析 …… 75
4.7 采伐迹地含水率预测结果分析 …… 81
4.8 樟子松林、杨桦林、红皮云杉林及采伐迹地综合对照分析 …… 86
4.9 本章小结 …… 97

5 结论 …… 99

参考文献 …… 103

1 绪论

森林生态系统、湿地生态系统和海洋生态系统共同组成了“地球三大生态系统”。森林中的植被种类繁多、数量巨大，能通过光合作用吸收大气中的CO_2，这在地球的碳循环和碳平衡中起到了关键作用。在联合国世界环境与发展大会上，有关森林的议题反复地被置于重要位置。然而，如同其他生态系统一样，森林生态系统也存在着大量自身的问题。病虫害、旱涝、污染、火灾等无时无刻不危害着森林生态系统，其中森林火灾以危害面积最广、影响最深远、破坏力最大成为最严重的森林灾害。森林火灾不仅对林业生产和发展产生了重大影响，甚至对生态系统都有着深远的影响。

对于森林火灾的研究有很多不同结论，但有一点共识，即火在森林中的出现是必然的，全球没有不受火影响的森林，火是重要的生态因子。林火的发生是必然的，绝对的；不发生是相对的、暂时的。能够掌握林火的规律，就能对其进行有效的预防和控制，将危害降至最低。因此，森林防火这一门以林火机理、火行为等内容为研究基础的综合性科学诞生了。森林防火包括基础研究和应用研究，与林学、统计学、火科学、气象学、遥感学、组织科学、计算机科学等学科密切相关。在基础研究方面，包含火理论、火性质等多方面的理论研究；在应用研究方面，涉及林火管理中的探火、灭火、用火等重点需要解决的一些问题，如林火的预测预报、林火行为模拟、林火控制技术、林火天气研究、计划烧除、火后损失评估，以及地理信息系统和全球定位系统等宏观监测技术与林火管理的相结合等。其中，森林火险的预测预报工作对灾害的防止和控制起到了主动作用，逐渐成为森林火灾研究的重点内容。

森林火险预报预测工作是森林防火工作从传统的经验模式走向现代化的以科技为主导的集约管理的重要技术手段，也是以遥感信息处理技术、地理信息系统技术和计算机技术等为代表的现代高新信息技术在林业中的综合应用的重要组成部分。当前林火日益频发，伴随着经济的发展、科学技术水平的提高，世界各国日益重视对森林火险预报预测的研究与应用。森林火险预测是对森林致灾体的未来状态进行测定，预报不正常状态的时空范围和危害程度以及提出防范措施。针对森林大火特有的特点，为了减少其造成的环境破坏和经济损失，一定要及时有效地采取与现场情形对应的扑火措施进行扑灭。森林火险在发生的初始阶段，是最容易被扑灭的，这一点已经得到了人们的共识。扑救是否及时，决策是否得当，关键取决于对森林火险预测是否合理，是否准确。所以，当前森林防火急需确定的重要研究内容就是准确地预测预报森林火险等级，为管理层作出决断提供实际而有力的技术支持。

想要准确预测林火，就要研究并分析与林火相关的各个方面信息。这包括植被、气象、地理、人文等多方面因素。其中，植被包含的可燃物作为火的载体，成为林火预测研究的重中之重。森林中重要的可燃物又分为活植被和凋落物，无论从林火的发生还是林火的蔓延，地表细小可燃物都起到了至关重要的作用。而决定地表细小可燃物燃烧难易程度的含水率则成为当今林火预测中最重要的研究内容。分析不同林型地表细小可燃物含水率与气象因素和地理信息的关系，从而对森林火险作出最精确的预测，就能避免大面积的森林火灾和造成的经济损失。这更是目前各国学者最关注的一种森林火灾预测手段，一定会对我国的森林资源保护和可持续发展产生深刻的影响。

1.1 研究背景

1.1.1 森林火灾及森林防火研究

森林火灾是指失去人为控制并对森林、财物和人身造成损失的森林燃烧现象，森林火灾的发生不仅造成了人力、物力甚至人民生命的损失，同时给人们赖以生存的生态环境造成了巨大的破坏。森林中的火是地球上大多植被区中一个显著的干扰因子，在许多生态系统中它被描述为重要的生态力量，即构成物理和生物特性、形成景观模式和多样性、影响能量流动和生物化学循环，特别是影响全球碳循环。

21世纪以来，每年平均发生各种大小森火灾害达到数十万起之多，毁林面积达到上百万公顷，占据了森林面积的1‰。美国、俄罗斯和中国都是林火频发、受灾严重的地区。早在1825年，北美的New Brunswick和Maine发生了一场森林火灾，烧毁林地120万hm^2；1871年美国Wisconsin东部和Michigan中部的一场大火过火林地149万hm^2，甚至导致了1 500余人丧生；1910年美国Idaho和Montana大火火烧林地121万hm^2，导致85人丧生；1915年俄罗斯西伯利亚森林特大火灾，毁林面积达到了1 500万hm^2，是有明确记录以来毁坏面积最大的一场森林大火；1987年5月发生在我国大兴安岭的“八·七”大火，烧遍了4个林业局的整整9个林场，过火林地总面积114万hm^2，导致213人死亡；1989年美国黄石公园的森林火灾过火面积达50万hm^2；1988年墨西哥的森林火灾造成12万hm^2的热带雨林被毁；1997年，由于长期大旱，印度尼西亚发生的大火毁灭的林地达300余万公顷；1999年西部森林大火烧掉了美国200万hm^2的森林；2001年悉尼发生的森林大火带走了澳大利亚70万hm^2的森林面积；2007年希腊特大森林火灾，对该国的政治稳定还产生了巨大的影响；2007年美国加州大火过火面积达16.5万hm^2，转移灾民100万人以上。这些森林火灾造成了巨大的经济损失，虽然各国的森林防火费用不断增加，但森林火灾面积并未发生明显变化。

在过去的普遍观点中，人们认为森林大火破坏森林的原有功能以及结构，使生态环境变得不如从前，给森林的生态系统带来严重的创伤。目前来看，这种观点是比较消极的。近年来，学者们先后开展了林火对植物体的生存情况、演替进程、生理代谢、土壤理化性质、微生物、森林气候、水质及其他环境因子影响方面的研究，并且逐渐科学的认识到林火的两重性——破坏性和生态性。火在很多生态系统中都显示出独特的、重要的作用，作为正常的自然环境因子，合理地使用林火也逐渐成为林火管理的重要内容之一。森林火灾不仅仅扮演破坏者的角色，同时它还能够改善森林的结构，促进森林生态系统的良性循环。充分发挥林火的生态效益，在维持生物多样性，以及在形成地球森林的组成结构上起着显著的作用，这也是目前国内外林火生态研究的重点和方向。

从研究内容来看，作为综合性学科，基础研究以及应用研究是森林防火所关心的重点问题。森林防火的基础研究属于物理学和燃烧学的范畴。主要以起火原理、火行为、火后环境影响等为研究基础，涉及多种特殊火行为的形成和蔓延规律，以及火强、焰高、蔓延速度、燃烧温度等物理特性，甚至涉及林火气象，可燃物消长规律及管理措施、生物防火和营林用火的理论、烟尘特征和扩散等众多内容。森林防火在应用研究方面为其应用提供了技术上的应用依据，主要涉及在林火的管理中，探火、灭火、用火等问题。例如，森林火灾的预测预报、林火控制技术、灭火喷洒技术、灭火工具、灭火药剂、损失估价、计算机技术在林火管理中的应用，以及地理信息系统和全球定位系统与林火管理相结合等。

1.1.2 森林火险的预测预报

森林火险是指在时间和空间上，反映林火发生、发展和结果的潜在指标。森林火险是林火管理的基础内容，长久以来始终是全球各地方林火管理中被关心的重点内容。正如前面所讨论的，因为森林火灾发生因子极其复杂，它的产生、扩散还有后果都与自然科学、社会科学和经济学等多个领域有关。全球各地方森林所在环境的地理位置、气候变化情况以及地形地貌各有自身的特点，能够引起森林火灾的危险程度自然也不可能相似。这就要求我们一定要根据气候和地理的变化、火点发生概率、林中植被的不同类型等分别建立火险等级，以此为众多林区建立不同的防火措施提供更为合理的根据。森林火险等级是把森林火灾发生的危险程度，用确定的标准衡量后划分的等级，是在森林可燃物分类的基础上，结合其他环境条件，将森林划分为不同的火险等级，以便分级管理。火险等级的预测预报，其主旨在于“预防为主，积极消灭”，这不仅仅成为我国森林防火工作的指导方针，更应该是森林防火工作做好、做扎实的根本保障。

想要更精确的预测预报，就必须要深入研究森林的起火机理和可燃物的特性。多年来，国内外学者一直把目光集中在可燃物含水率的研究上，因为可燃物的含水率直接决定了林火的起火与否和起火难度。

1.1.3 可燃物含水率

可燃物含水率的变化直接影响着可燃物达到燃点的速度和可燃物释放热量的多少，并影响到林火的发生、蔓延和强度，决定了可燃物的燃烧可能性和燃烧后的火行为，是进行森林火灾监测的重要因素和森林火险等级的基础。可燃物含水率，特别是细小可燃物含水率的动态预测是森林火险等级预报系统的核心，也是森林火险天气预报的重要内容，同样是进行林火发生预报和林火行为预报的关键。预测计划烧除和火场中的火行为需要对森林各组分特别是地表凋落层可燃物的含水率动态变化进行预测。在可燃物含水率较低的情况下，容易导致林火强度增大和林火蔓延速率增加等危险状况，加大林火的扑灭难度以及损失的程度。在一些特别情况下，例如计划烧除，需要对火行为进行近似的实时预测。专业含水率测量仪器在小尺度（监测点）的条件下可以提供较为精确的可燃物含水率测量结果，但在预测较大尺度的含水率动态变化上同样存在较大误差。而进行火险等级预报、林火行为预报以及对某地区能否进行计划烧除的评估中，都需要对可燃物含水率进行快速准确的预测。随着对快速准确预测含水率需求的不断增加，可燃物含水率预测方法的研究也随之深入，并取得了广泛的研究成果。这其中，基于时滞和平衡含水率法预测可燃物含水率是目前最为经典的方法。

1.1.4 平衡含水率和时滞

当空气的温湿度都不发生变化的情况下，将可燃物在这种环境中搁置无限长的时间，这样可燃物中的水分会达到一个不再变化的含量。这个时候可燃物内在的水分压力与空气中水分压力相同，不存在水分交换，对应的水分扩散停止。这个时候将可燃物的含水率称为平衡含水率（EMC）。在一定的外部环境条件下，可燃物的平衡含水率在可燃物失水和吸水两过程中略有差别，可燃物失水过程的平衡含水率通常相比于可燃物吸水过程高大约2个百分点。

在这种地表细小可燃物与空气之间交换水汽的过程中，当空气的温湿度发生变化的时候，地表细小可燃物的平衡含水率值与自身的含水率值都会随之变化，但含水率想要变化到平衡含水率相同值则需要耗费一定的时间，这种滞后的情况称为时滞。时滞是用来衡量可燃物含水率变化速率的量，与其相似的一个概念是反应时间（Response Time），反应时间是指可燃物在达到平衡含水率的过程中，失去其最初含水率与平衡时含水率距离的$1-e^{-1}$（接近63.2%）的水分所需的时间。在一些文献中，时滞的定义等同于反应时间，这种意义上的时滞一般要在实验室条件下测定。而在另一些文献中，时滞则专指可燃物含水率和平衡含水率变化曲线之间的时间滞后，这种意义上的时滞可以在野外条件下测定。时滞的这两种概念在可燃物含水率预测中都有应用，但相比较前者应用更普遍。本试验即将使用基于时滞和平衡含水率的理论对可燃物进行研究。

1.2 国内外研究进展

1.2.1 可燃物含水率预测的研究

森林可燃物含水率预报是森林火险天气预报的重要内容。准确预测可燃物含水率是做好火险天气预报和火行为预报的关键。该工作最早可上溯到20世纪40年代，Byram和Jemison在1943年研究了太阳辐射对可燃物含水率的影响；直到20世纪80年代，研究才多了起来。到了90年代，研究变得相对少些，近年来开发新的一代可燃物含水率预测模型的需求日益增多，众多研究又再次开展起来，其中包括：2001年Catchpole等直接估计法的研究；2005年Toomey等遥感技术在含水率预测中的研究，单延龙等对我国凉水地区可燃物含水率的研究；2006年Lopes等在葡萄牙对细小可燃物的研究，Pellizzaro等研究的气候变化对可燃物含水率的影响，Saglam等利用天气对可燃物含水率预测的方法研究，Slijepcevic等在塔斯马尼亚岛的相关研究，Tudela等对于10h时滞的研究，Gonzalez等在辐射松林样地的研究以及张思玉等在杉木幼林地表的研究。

1.2.2 可燃物含水率预测的方法

可燃物含水率预测的方法中又分为主要的4类方法：基于平衡含水率的方法、气象要素回归法、遥感估测法、基于过程模型的方法，这4种方法各有所长。其中，用遥感估测可燃物含水率的方法是随着遥感技术的日益发展而出现的，适于大尺度的火险评价，但中间环节过于复杂，且小尺度上的准确性也不佳。基于平衡含水率的方法在物理上相对可靠。如果研究对象能被精确描述出来，理论上预测其含水率的结果是准确的。但如果要推广到更大尺度范围，则所需要做的工作异常繁杂。而气象要素回归法相对简单。问题是这种方法的机理是采用统计学的方法，其结论受研究地区和可燃物特殊性限制很大。基于过程模型的方法完全基于物理描述，理论上最具潜力，但过程描述复杂，研究很少，没有实际应用。在上述4种方法中，基于平衡含水率的预测方法应用最广，是目前最主流的含水率预测方法，例如美国、加拿大等国的森林火险等级系统，都是采用基于平衡含水率的预测方法。基于平衡含水率的预测方法也会随着越来越精细的外业气象数据而在小尺度上显现越来越高的预测精度。

我国近期开展基于此方法的火险预报研究较少，国内一些专家完成了一些研究工作。在研究方法上，虽然能够借鉴很多国外的同类研究，但涉及不同区域的地表可燃物具体差异，我们则必须深入且系统地开展适合我国具体情况的相应研究。

1.2.3 平衡含水率的影响因子研究

1.2.3.1 气象因子

影响平衡含水率的气象因子主要有温度、湿度和风速，其中关于温湿影响的研究较多。目前，关于气象环境因子对平衡含水率的影响模型主要有4个：①Simard在1968年根据一些木材的平衡含水率数据，通过回归建立的模型。②1972年，Van Wagner根据实验室数据建立的失水过程和吸水过程中可燃物平衡含水率模型。③1978年，在Van Wagner模型基础上，Anderson等根据西黄松的数据，重新进行回归建立的模型。④1984年，Nelson根据可燃物水分变化的热力学原理建立的至今仍很流行的半物理模型。

Anderson根据北美叶状可燃物的数据，认为Nelson法中一些参数可以被替换，但Viney认为Anderson的结论局限性太大。Catchpole等以该模型为基础，提出了一种基于野外观测数据预测可燃物含水率的方法，取得了较好的效果。正是由于该模型是半物理模型，因此其使用范围较广，至今仍被广泛应用。

1.2.3.2 可燃物特征

可燃物特征相对于平衡含水率的影响，无论是过去还是现在研究的都相对较少。Nelson和Catchpole等的研究曾表明，在Nelson法中不同可燃物类型的参数数值是不同的，表明可燃物类型对平衡含水率的环境响应过程有一定的影响，但这种影响的具体机理应做进一步系统的研究。

1.2.3.3 微地形变化

所有学者均指出地形变化对含水率具有一定影响，但很少有人深入细化研究这一影响。

1.2.4 时滞影响因子的研究

通常环境因子对时滞有一定的影响，但是这种影响并不明显，时滞受其影响后变化较为稳定。因此，有关这一影响的研究非常少。传统观点认为，时滞与可燃物体积关系密切。Nelson认为，可燃物直径越细时滞越短。Bradshaw等认为，细小可燃物（直径小于0.6cm）的时滞为1h。但是Van Wagner和Anderson的研究表明，很多细小可燃物时滞大于1h，因为时滞除与直径大小有关外，还与可燃物的密实度、形状、组成等有关。Anderson等的研究表明，草本可燃物时滞在1h内，一些针叶的时滞可达35h，阔叶的时滞介于两者之间。不同腐烂程度的叶子的时滞也不同。同样的针叶，时滞可以从1 ~ 17.5h，腐烂时间长的要比短的时滞要小。Anderson还研究了时滞与可燃物的物理性质，如表面积体积比、可燃物床层高度、压缩比、可燃物颗粒大小等的关系，建立了相应的预测方程。

气象因子对时滞的影响研究也相对较少。在加拿大森林火险等级系统细小可燃物含水率计算中，Van Wagner提出一种计算日失水/吸水速率的公式，结论是日失水/吸水速率不完全等同于时滞，但与时滞相似，都是刻画可燃物含水率变化快慢程度的量，因此在一定程度上反映了可燃物时滞对环境的响应，但是否如此，还需深入研究。

1.2.5　平衡含水率法的应用

1.2.5.1　火险等级系统

美国国家火险等级系统（NFDRS）中使用了Fosberg等的模型。该模型使用的气象数据、含水率数据来自美国大陆中部地区，因此只适用于这些地区可燃物含水率的预测，具有一定的局限性。另外，该模型使用的气象数据为距地表1.5m处的空气温度、湿度，而不是可燃物体表面的温湿度值，因此预测的可燃物含水率值也相对偏低。1991年，Viney和Catchpole对方程的系数进行了修订，增大了模型预测的精确度。加拿大森林火险等级系统（FWI）则使用了Van Wagner的模型。

1.2.5.2　根据野外观测数据预测死可燃物含水率

根据野外观测数据预测死可燃物含水率的方法目前主要有3种：①Viney和Catchpole于1991年提出的一种方法。确定模型参数的时候，使用Simard法结合野外实测数据进行非线性回归，这样可以获得各参数值。然后以温度、湿度为输入，根据相应方程预测可燃物含水率。②1992年，Viney又提出用最大相关系数法来确定时滞，就是利用之前的方法计算的平衡含水率日变化数据和实测的可燃物含水率日变化数据，计算不同时间滞后时两组数据的相关系数，取相关系数最大的时间滞后为所求时滞。然后根据相应方程预测可燃物含水率。③前两种方法都依靠Simard法来计算平衡含水率，但Matthews指出Simard法不是普适的。在第一种方法中，要求可燃物平衡含水率和含水率的日变化为正弦曲线，但实际往往无法得到这样的正弦曲线，所以导致这两种方法的局限性很大。由此，Catchpole等根据Nelson法提出了另一种可燃物含水率预测方法，简称“直接估计法”，这就是本研究所采用的方法。该方法不需事先假定可燃物含水率的日变化模式，同时采用了半物理的Nelson法，因此，其普适性比前面两种方法好，预测的效果也不错，被广泛采用至今。

1.3 研究的目的与意义

黑龙江省大兴安岭地区是我国面积最大、火灾最严重的国有林区，提高该区含水率预测的准确性对促进森林防火工作意义重大。这一区域森林火灾多是地表火，直接影响地表可燃物着火难易程度和林火行为的重要因子是地表细小死可燃物的含水率，因此地表细小可燃物含水率的预测精度直接影响了林火预测的精度，这对林火的防控起到了至关重要的作用。目前的研究中，提高可燃物含水率预测精度主要有两个途径：一是进一步缩短预测的时间步长达到更精细的预测时间尺度；二是建立更全面地基于不同林型和立地条件的预测模型。对于空间中一个点而言，预测的时间尺度越小，预测的准确度越高。目前来看，以时为步长的时间精度基本能满足当前研究需求，从已有的模型建立以时为步长的预测模型相对容易。而不同的立地条件通常需要不同的预测模型才能得到理想的结果，立地条件的变化也对含水率影响巨大。这种异质性在统计模型中尤为突出，要建立不同立地条件的所有模型工作量巨大难以实现。在一定尺度上，空间中不同地形条件下，地形变化和林型变化对含水率预测精度都有不同程度的影响。在以往经验中，阳坡比阴坡干燥，坡地上部比下部要干燥，这些微地形引起的变化不但关系着火险等级预报，更对火行为预报产生了巨大影响。因此，研究微地形影响对地表可燃物含水率变化规律，对林火的预测预报、火行为模拟以及扑火安全的影响非常重要。

在实际的研究中，如能根据不同立地条件下已建立的预测模型获得外推时的误差分布，就能有针对地选择能够代表其他立地条件的模型，以减少模型数量。这虽不能减少误差，但能给出预测的差异，对结果作出正确的解释，从而有效估计用此数据进行火险预报和火行为预报所带来的误差，这样使用有限的几套模型预测更多立地条件下的可燃物含水率将具有重大意义。一些研究注意到了林型及立地条件对预测模型的影响，但没有深入讨论微地形的变化影响。金森等在实验室内研究了落叶松枯枝的含水率模型外推能力，证明研究前景广阔。许多研究表明大兴安岭地区以时为步长的含水率预测方法适用于落叶松林，因此建立基于林型和微地形变化的以时为步长的模型来提高预测精度具有重大意义，本研究将基于此开展实验。

1.4 研究内容

以大兴安岭地区落叶松林、白桦林、樟子松林、杨桦混交林、红皮云杉林、采伐迹地这6种典型林型为研究对象，分析每种林型下地表细小可燃物含水率随气象条件和微地形变化的规律，使用多种方法建立以时为步长的含水率预测模型，评价模型精度，并分析各模型的外推能力，给出各种情况下最优的预测模型。

其中，建立含水率预测模型使用了“直接估计法”和气象要素回归法两种方法进行对照。“直接估计法”中选用了Nelson和Simard两种较流行的平衡含水率对环境因子响应方程，因此本研究将对Nelson法、Simard法和气象要素回归法建立的3种以时为步长的地表细小可燃物含水率预测模型进行对照分析。微地形的变化则包括每种林型下坡向、坡位和郁闭度的变化影响。坡向主要分为阴坡和阳坡两种，坡位分为上坡位、中坡位和下坡位3种，郁闭度分为无遮阴、半遮阴、林荫下3种不同情况。将每种影响因子组合在一起建立不同的样地，每处采样点以1h间隔各采集80组数据用于建模，以模型的含水率预测误差来评价模型精度。外推分析则根据前面各因子组合下建立的含水率模型，使用其他样地的数据进行含水率预测，评价并分析模型的外推精度，评价各模型的外推能力。

1.5 创新点

在微地形变化对含水率预测精度的影响和模型外推能力分析上具有一定的创新性，研究成果可为森林火灾的预测预报提供一定的理论基础，并可为可燃物含水率预测模型在东北地区不同林型在各微地形变化下的推广应用提供科学依据。

1.6 技术路线

根据已有的地表细小可燃物含水率研究理论和实践成果，以盘古林场为研究区域，通过数学统计方法分析林型及微地形变化对含水率预测精度的影响，选出最优模型组合，建立适用于各种情况下的高精度含水率预测模型，确定模型参数。研究过程如图1-1所示。

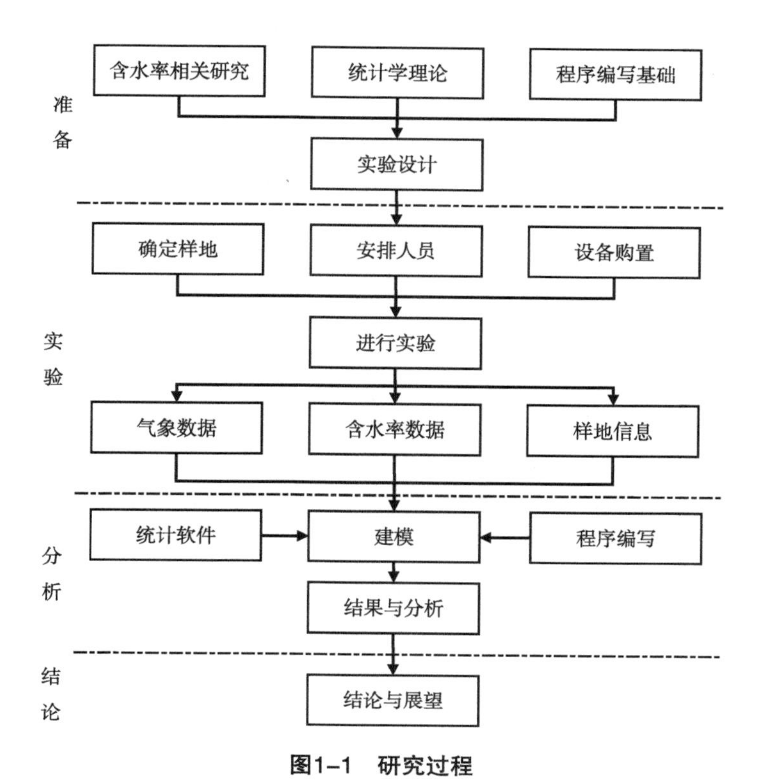

图1-1 研究过程

Fig.1-1 The research process

（1）首先翻阅大量文献，学习可燃物含水率预测相关知识，搜集国内外研究进展，制定研究计划。同时，深入学习统计学的相关理论，并熟练掌握MATLAB、STATISTICA等统计学软件的使用方法，能够以Visual Basic、VC++等语言进行海量数据的编程处理，为以后的调查与分析做准备。

（2）在前期已搜集大量大兴安岭与盘古林场各方面信息的前提下，对研究区域进行自然情况调查，选定实验样地，安排实验人员及购置仪器设备。

（3）对研究区进行实地调查，掌握目前盘古林场地表可燃物含水率的第一手资料。按照计划进行野外实验，并记录和整理采集的相关数据。

（4）对所得的资料与数据进行处理和综合分析，得出盘古林场地表细小可燃物含水率变化规律，并给出最优的预测模型。

具体技术路线如图1-2所示。

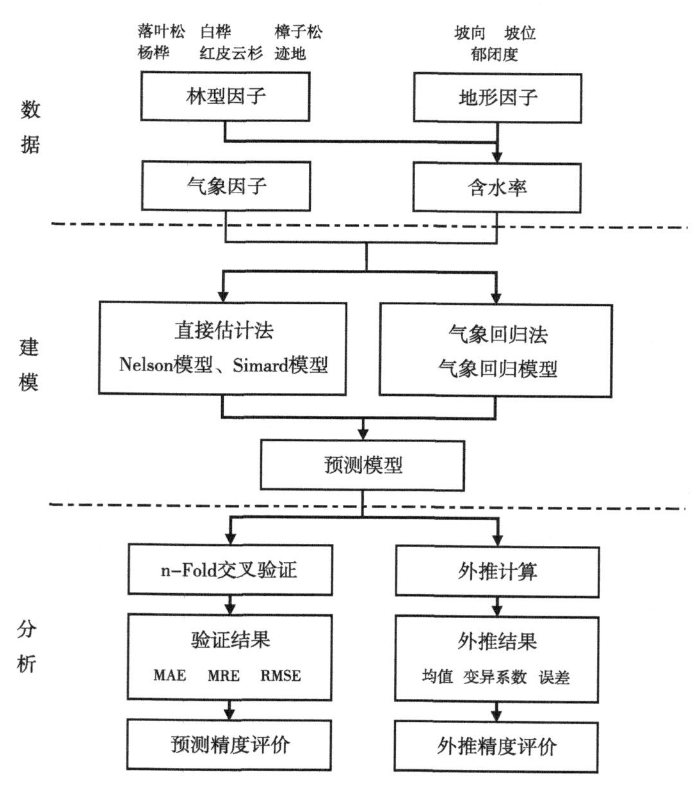

图1-2 技术路线

Fig.1-2 Technology roadmap

根据林型因子和地形因子划分若干样地，测量各样地细小可燃物含水率和气象数据。确定气象要素回归模型形式，与Nelson模型和Simard模型使用同组数据进行建模，形成多组预测模型。使用交叉验证方法获得精度结果，评价微地形对模型精度的影响。同时将上一步得到的预测模型进行外推计算，评价各模型外推能力。

2 研究区概况

研究区域为大兴安岭塔河林业局盘古林场，位于塔河县境西北部96.5km处（图2-1）。地理坐标为：东经123° 51′ 56.5″，北纬52° 41′ 57.1″，南侧与呼中林业局相接，西南与漠河县毗邻，东南与蒙克山林场相交，西北与阿木尔林业局交界，东北与盘中林场交界。嫩林线铁路由东至西穿过辖区，盘沿公路经盘中、沿江与黑漠公路相连接。盘碧公路与呼中碧水镇相通，加漠公路穿越镇区，线路总长达120km，其中加漠公路60km，盘碧公路60km，施业区内共有支岔线31条。

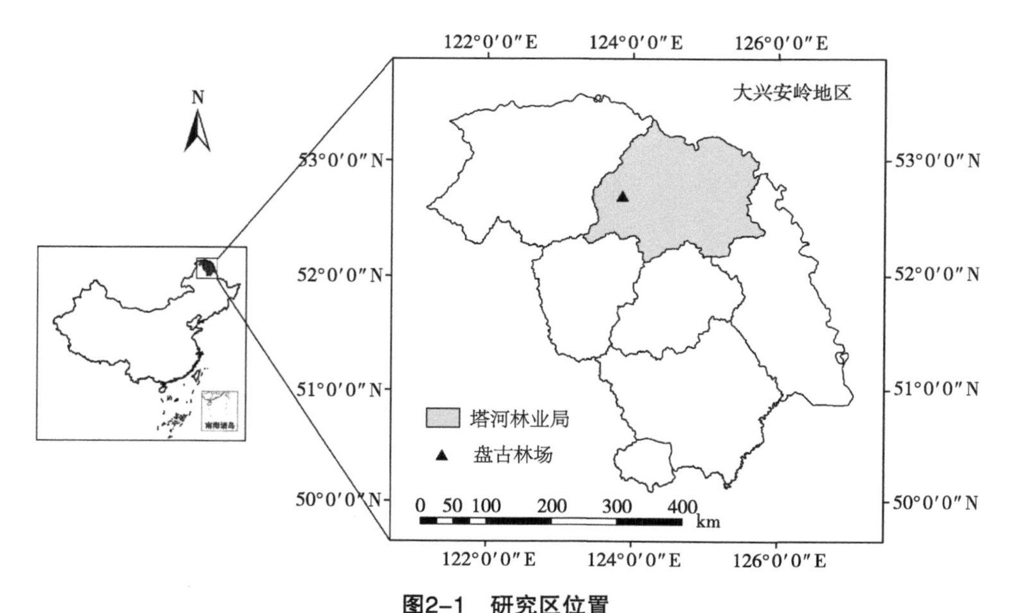

图2-1 研究区位置

Fig.2-1 Site map of research area

盘古林场始建于1969年，是我国第二大贮木场，重要的木材生产基地。辖区内施业区面积约15万hm^2，森林覆盖率为88.2%，可用于经济材林的树种主要有：兴安落叶松、樟子松、白桦、杨树等，林下生长有五味子、黄芪等重要药材；木耳、桦树蘑等菌类；有雪兔、飞龙等珍贵动物资源。盘古林场设有3座瞭望塔，10处永久性管护站，7处临时性管护站，2处防火检查站，1处林火气象站，1处机降点，承担着盘古地区森林防火、城镇防火的预防和扑救工作。

2.1 植被

据全国森林资源二类调查数据（1998年）可查，盘古林场所在的塔河林业局共有土地$9.18 \times 10^5 hm^2$，其中林业用地面积$8.09 \times 10^5 hm^2$，占总面积的88.2%。在林业用地面积中，有林地面积$7.47 \times 10^5 hm^2$，占97.4%。活立木总蓄积$4.95 \times 10^7 m^3$，其中林分蓄积量$4.82 \times 10^7 m^3$，占97.4%，林业用地单位蓄积量为$61.1 m^3/hm^2$，林分为$64.6 m^3/hm^2$，用材林为$67.0 m^3/hm^2$。

植被属东西伯利亚山地南泰加林向南延伸部分，森林植被垂直分带性不明显。辖区内代表的植被类型是以兴安落叶松（*Larix gmelinii*）为优势的寒温带针叶林。主要林分类型为：兴安落叶松—樟子松（*Pinus sylvestris* var. *mongolica*）—白桦（*Betula platyphylla*）混交林、樟子松林、白桦林和山杨（*Populus davidiana*）林，还有少量的红皮云杉（*Picea koraiensis*）林。

2.2 气候

依照全国各省气候区划划分，盘古林场所在的塔河林业局属严寒湿润区，气候属寒温带大陆性季风气候，且山地气候特征明显。因受西伯利亚寒流及蒙古高压影响，冬季寒冷而漫长，空气干燥，持续时间长达7个月，春、秋季凉爽而短暂，夏季更短，温差变化大。年平均气温-5℃，极端最高气温为35.2℃，年平均降水量为550mm，多集中在6—8月，年日照时数2 560h，年≥10℃积温1 500～1 700℃，无霜期不足100d。区内天气变化较为剧烈，常出现大风高温低湿及大风天气，寒潮、暴雨等灾害性天气发生比较频繁，春、秋两季是林火的高发期。

2.3 地形地貌

研究区所在的位置地貌以大兴安岭石质中低山山地为主，中低山和丘陵占据了大部分地区，山地区域总体上要大于平坦地貌。所在的塔河林业局全局57%为丘陵，42%为低山，1%为中山。地形由西南向东北倾斜，地势缓延，平均坡度10.5°，平均海拔高度520m。塔河林业局属大兴安岭隆起带北段东坡，属伊勒呼里山纬向构造带与第3隆起带。此区域具有复杂的地形，山峰相对较矮，黑龙江是河流汇集的终点。海拔由东北方向逐渐向西南方向慢慢升高，西罗奇山岭以从东至西的方向卧于区域中部，这形成了由中部向南北两部分降低的地形。其中白卡鲁山海拔超过所有山峰，达到1 400m；最低处为马林林场境内的依西肯河口处，海拔209.8m。主要河流有黑龙江、大西尔河、盘古河和呼玛河。黑龙江是沿江一带的主要交通航线。地带性土壤类型为棕色针叶林土。

2.4 森林火灾情况

盘古林场和大兴安岭其他地区一样，都是森林火灾多发地区。根据该区域30年森林火灾统计数据，1974—2004年共发生森林火灾39起。其中特大森林火灾7起，烧毁林地$3.35\times10^4hm^2$；重大森林火灾12起，毁林面积$4.68\times10^3hm^2$；较大森林火灾10起，总面积$3.74\times10^2hm^2$；一般森林火灾10起，毁林$30hm^2$。30年火灾烧毁面积占林业用地的4.77%。这其中半数以上均为自然雷击火，可见掌握研究区内森林火灾的发生规律非常重要。

3 研究方法

3.1 引言

详细描述了野外含水率测定和数据处理分析两方面内容。其中具体包含野外实验的具体方法、实验所使用的仪器设备信息、所要采集的数据、数据处理与建模方法等内容。

野外实验部分，实验日期为9—10月秋季森林防火期，在研究区域选择了6种不同林型，根据坡向和坡位的变化组合，确定了12块实验样地（表3-1）。每块样地又根据3种不同的具有代表性的郁闭度设定了3个采样点，实验共设立36处采样点，采集数据时每处采样点采集3组数据进行平差处理。因仪器设备和人员的限制，12块样地的36处采样点分两批进行实验，每批6块样地同时进行采样。采集数据包含可燃物含水率数据和气象要素数据。

数据处理与建模部分，使用MATLAB 2010b、STATISTICA 8.0、Excel 2003等软件将实测地表细小可燃物含水率数据和气象要素作为基础数据，以统计学原理和相应国内外研究成果为基础，进行建模。主要分为可燃物含水率计算、建立可燃物含水率预测模型、模型精度检验和模型外推误差计算与分析4部分。其中含水率预测模型按照直接估计法和气象要素回归法两部分进行介绍。

3.2 样地野外观测

野外含水率测定时间选择在9—10月秋季森林防火期。选取了6种不同林型的几种坡向坡位，共12种样地进行野外地表细小可燃物含水率实测。每处样地在相隔不远处取3种不同郁闭度样点进行采样，每处样地的测量点选择在地表凋落物分布较均匀处，各处的3个采样点共用一套气象站测得的气象数据。样地信息见表3-1，实验地点坡度变化范围是15° ~ 30° 不等，海拔380 ~ 530m不等。因人力、物力及实验时间安排的限制，无法实现所有12块样地同一时刻进行观测，原设的12处样地分两批不同时间段先后完成测量。樟子松林、杨桦混交林、红皮云杉林无多种坡向坡位的样地，故只选取一个位置做对照研究。样地照片如图3-1所示。

表3-1 样地信息

Tab.3-1 Characteristics of sample plots

编号	林型	树种组成	坡向坡位	海拔（m）	平均树高（m）	平均胸径（cm）
1	落叶松	落叶松9：白桦1	阳坡上	534	20	21.2
2	落叶松	落叶松9：白桦1	阳坡中	491	15	10.2
3	落叶松	落叶松纯林	阳坡下	429	10	8.4
4	落叶松	落叶松纯林	阴坡下	385	20	11.8
5	白桦	白桦9：山杨1	阳坡上	536	14	18.9
6	白桦	白桦9：落叶松1	阳坡中	506	9	17.9
7	白桦	白桦纯林	阳坡下	429	13	19.2
8	白桦	白桦9：落叶松1	阴坡中	388	20	15.1
9	樟子松	樟子松纯林	阳坡上	534	28	18.5
10	杨桦混交	山杨5：白桦5	阳坡中	446	12	20.4
11	红皮云杉	红皮云杉纯林	谷地	429	23	20.8
12	采伐迹地	原樟子松、白桦	阳坡中	400	—	—
统计	6种林型		2个坡向 3种坡位	12块样地 36处采样点		

图3-1 样地

Fig.3-1 Pictures of sample plots

气象数据方面，国内通常是从国家气象站点获取每日4次的预报数据，因此想要得到以时为步长的数据，通常都是使用空间插值和时间插值的方法来获取。本研究购买了多台便携式移动气象站在每处样地进行实时监测，争取获得最准确的气象数据用于含水率的运算。实验一共使用了6套长春气象仪器有限公司生产的CCAT-YD型便携式气象站（图3-2），参数见表3-2，分两个阶段对12处样地进行实时气象数据测量。气象站架设在离样地不远处，将太阳能电池板延伸至不影响实验且光照充足的空地上，每隔1h记录一次空气温度、相对湿度、平均风速、风向、气压和降水量等信息。

图3-2　便携式自动气象站

Fig.3-2　Automatic weather station

表3-2　自动气象站参数

Tab.3-2　Parameters of automatic weather station

要素	测量范围	分辨力	准确度
空气温度	-40 ~ +50℃	0.1℃	± 0.2℃
相对湿度	0 ~ 100RH%	1%	± 2%（0 ~ 90%） ± 3%（90% ~ 100%）
风速	0 ~ 60m/s	0.1m/s	±（0.3+0.05）m/s 起动风速：≤0.5m/s
风向	0 ~ 360°	3°	± 5°
气压	550 ~ 1 100hPa	0.1hPa	± 0.3hPa
降水量	0 ~ 999.9mm 0 ~ 4mm/min（雨强）	0.1mm	≤10mm， ± 0.4mm 10mm时， ± 4%

含水率称量方面，为了便于测量地表细小可燃物含水率变化，使样品既可以随原环境进行水分交换，又能在不与外界发生物质交换的情况下测量其质量，设计了专用的样品盛装容器。使用5#塑料方筛（尺寸为：265mm × 205mm × 85mm），用尼龙网（18目，1mm）加衬在其底部及四壁，上方加盖粗眼尼龙网（8目，2.5mm），并在盛装样品后使用尼龙扎绳固定上盖附上号牌，以防止样品因样地的树木叶片凋落至样品中而发生质量变化。使用塑料容器而没有使用金属容器的原因是，金属容器长期处在潮湿环境中会发生锈变，影响质量的称量。样品及容器如图3-3所示。

图3-3 样品及容器

Fig.3-3 Samples and container

为了能在野外称量样品的质量，选用了可使用电池的便携式电子天平——美国双杰（G&G）生产的JJ600Y型，其参数如下：最大称量，600g；精度，0.01g；检定分度值，10d；校准重量，500g；秤台尺寸，Φ135mm；体积，244mm × 195mm × 82mm；使用温度，0 ~ 40℃；使用湿度，≤80%RH；供电，可使用4节2号干电池供电。

使用电子天平称量容器的初始质量后，采集同样大小的地表凋落层样品置入容器中，然后将容器平稳安置于取样点的凹坑内，以保持其原有的周围环境结构。称量时使用预先制作的折叠板在地表水平展开，安置并校准天平后在板盒内进行称量，以排除风的干扰，如图3-4所示。因为在山中夜间无法继续实验，所以仅在每日9：00—17：00相隔1h称量一次容器质量，按照实验设计持续10日共收集80组数据。6处样地同时进行相同实验，对地表可燃物进行称重。最后将方筛中可燃物装于纸质信封中带回实验室，放入干燥箱中以105℃持续烘干24h直至恒重，称量其干质量。

图3-4　样品称重

Fig.3-4　Sample weighing

3.3　数据处理与分析

3.3.1　可燃物含水率计算

按下式计算可燃物含水率：

$$M(\%)=\frac{W_H-W_D}{W_D}\times 100 \tag{3-1}$$

式中：M为可燃物含水率（%）；W_H为可燃物湿重（g）；W_D为可燃物干重（g）。

在野外实验获取到干重与湿重数据后，分别计算各个样地每一时刻的含水率，将含水率数据与气象数据（温度、湿度）共同分组后进行数据检测。因为含水率高于35%时可燃物很难燃烧，研究意义不大，因此带入模型进行计算分析前剔除高于35%的含水率数据及部分因测量失误产生的错误数据。

3.3.2 建立可燃物含水率预测模型

以时为步长的可燃物含水率预测中，目前主要有遥感估测法、过程模型法、时滞和平衡含水率法和气象要素回归法4种方法。其中遥感估测法因受遥感技术的限制，小尺度估测的精度难以接受，并且无法结合以时为步长的预测模型；过程模型完全基于物理过程，经过Matthews长时间（2006—2010年）研究证明，过程模型复杂且难以应用，目前还较难应用于各种林型；气象要素回归法使用的是单纯统计方法；时滞和平衡含水率法以其半物理的过程及较高的预测精度成为当前主流的预测方法。因此，本研究选用时滞和平衡含水率法以及气象要素回归法进行对照分析。

Catchpole等提出了基于平衡含水率法利用野外含水率和气象动态数据直接估计可燃物含水率的方法——直接估计法。这种方法直接使用野外环境中测得的温度、湿度值对可燃物含水率变化进行预测，因此相对于室内实验具有较好的实用性和精确度。就目前研究来看，当前时滞和平衡含水率法中常用的响应模型以半物理的Nelson（1984）模型和基于统计的Simard（1968）模型效果较好，因此时滞平衡含水率法采用Catchpole的直接估计法进行参数估计，分别使用Nelson（1984）和Simard（1968）两种平衡含水率模型计算平衡含水率，上述3种方法以下分别简称为Nelson法、Simard法和气象要素回归法。

（1）直接估计法主要是基于以下方程。

Byram（1963）细小可燃物水分计算微分方程：

$$dm/dt = -(M - E)/\tau \quad (3\text{-}2)$$

式中：M为可燃物含水率（%）；t为时间（h）；E为平衡含水率（%）；τ为时滞（h）。

Nelson（1984）平衡含水率对环境因子响应方程：

$$E=\alpha+\beta\log\Delta G=\alpha+\beta\log\left(-\frac{RT}{m}\log H\right) \tag{3-3}$$

式中：R为普适气体常量[取8.314J（K•mol）]；T为环境温度（K）；H为相对湿度（%）；m为H_2O相对分子质量（取18g/mol）；α、β为待估计参数。

Simard（1968）平衡含水率对环境因子响应方程：

$$E=\begin{cases}0.03+0.262\,6H-0.001\,04HT & H<10\\ 1.76+0.160\,1H-0.026\,6T & 10\leqslant H<50\\ 21.06-0.494\,4H+0.005\,565H^2-0.000\,63HT & H\geqslant 50\end{cases} \tag{3-4}$$

式中：T为环境温度（K）；H为相对湿度（%）。

使用直接估计法必须遵守的一个假定条件是时滞不随时间变化。保证T和H按时间间隔δt分段采样，可以把方程（3-2）以离散的形式表达，将平衡含水率对环境因子的响应方程（3-3）或（3-4）代入（3-2）的离散式中，即可得到直接估计法的方程：

$$M(t_i)=\lambda^2M_{i-1}+\lambda(1-\lambda)E_{i-1}+(1-\lambda)E_i \tag{3-5}$$

式中：E_i为t_i时刻的平衡含水率值（%）；$\lambda=\exp[-\delta t/(2\tau)]$；$\tau=-\delta t/(2\ln\lambda)$。

最后以实测值M_i和预测值$\hat{M}_i$的平方和误差为目标函数：

$$SSE=\sum_{i-1}^{n}\left(M_i-\hat{M}_i\right)^2 \tag{3-6}$$

式中：M_i为可燃物含水率实测值（%）；$\hat{M}_i$为可燃物含水率预测值（%）。

对式（3-6）进行非线性估计，使目标函数值最小，估计出函数参数值λ和E中所含平衡含水率响应函数的参数（Nelson法中的α和β，Simard法中的λ），以此建立可燃物含水率方程。

（2）气象要素回归法采用多元线性模型，见式3-7，用逐步回归法进行参数估计，以筛选出影响最大的因素。

$$M=\sum_{i-1}^{n}X_ib_i \tag{3-7}$$

式中：M为可燃物含水率（%）；X_i为采用的气象变量，包括前1h和当前时刻的温度（℃）、湿度（%）、风速（m/s）、降水量（mm）等；b_i为待估计参数。

气象要素回归法中，经样地数据逐步回归筛选后确定使用的形式为：

$$M(t_i) = b_0 + b_1 H_i + b_2 H_i + b_3 T_{i-1} + b_4 H_{i-1} \tag{3-8}$$

式中：$b_0 \sim b_4$为待估计参数，其他符号意义同前。

3.3.3 模型精度检验

上述参数估计完成后，采用n-Fold交叉验证检验模型精度。即每次取一个数据作为验证数据，用其余的$n-1$个数据建模，共进行n次参数估计，误差按下式计算：

平均绝对误差：$$MAE = \frac{1}{n}\sum_{i-1}^{n}\left|M_i - \hat{M}_i\right| \tag{3-9}$$

平均相对误差：$$MRE = \frac{1}{n}\sum_{i=1}^{n}\frac{\left|M_i - \hat{M}_i\right|}{M_i} \tag{3-10}$$

均方根误差：$$RMSE = \left(\frac{1}{n}\sum_{i=1}^{n}\left(M_i - \hat{M}_i\right)^2\right)^{0.5} \tag{3-11}$$

式中：符号意义同前。

3.3.4 模型外推误差计算与分析

按照上述过程分别将3种模型（Nelson法、Simard法、气象要素回归法）的模型参数计算出来后，此时每种模型按照不同坡位、不同郁闭度样地共能获取与样地数量相同的n个模型。对于这些模型中的每个模型，分别用其他$n-1$个样地气象数据代入这个模型计算相应的含水率，并计算与实测数据之间的3种误差，即为该模型外推到该样地或条件下的外推误差。

举例说明：如果共有8块不同样地，对于每种模型共有8×（8−1）=56个误差，分别计算同一种模型中8个模型外推到其他7个样地的7个误差的最大值、最小值、平均值和变异系数等，然后再分别计算每种模型的56个误差的最大值、最小值、平均值和变异系数。通过比较这些统计数据，来分析3

种方法外推的稳定性和每种方法对于不同微地形的适用性，以便进一步分析模型的外推能力。

3.3.5 数据处理使用到的统计软件

上述回归参数估计与误差计算使用了MATLAB 2012b、STATISTICA 10.0（图3-5）与Excel 2003等软件共同编程互相检验实现。

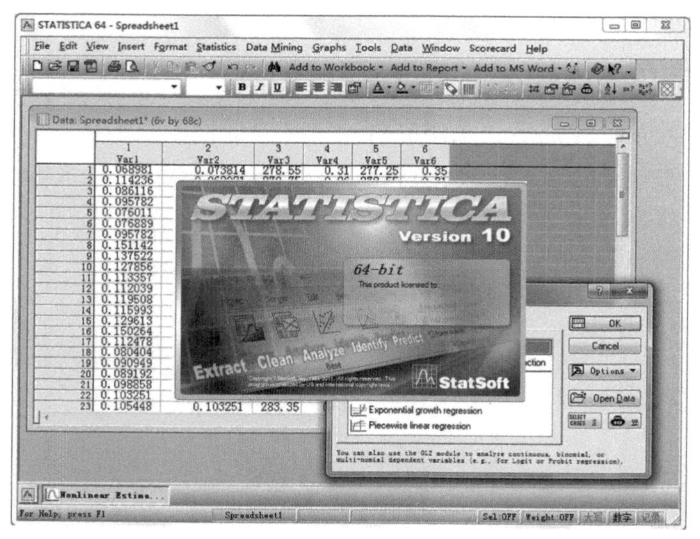

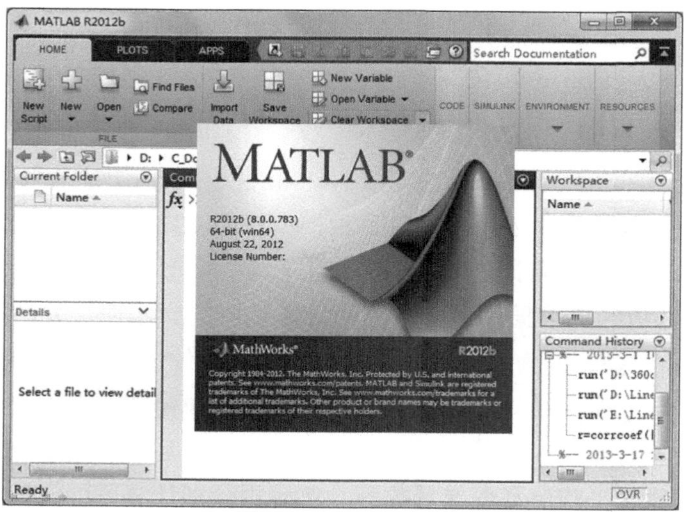

图3-5 统计软件

Fig.3-5 Statistical softwares

3.4 本章小结

详细介绍了野外含水率测定中每处实验样地的林型、坡向坡位、海拔、平均树高、平均胸径等信息，并辅以相关配图说明样地情况。并对气象站、采样容器、称量仪器等进行了详细的描述与说明。在数据的处理和分析部分，则使用大量公式具体说明了含水率的计算、创建含水率预测模型、模型精度检验和模型外推误差分析等相关内容。

4 结果与分析

4.1 引言

从地表气象要素动态变化情况、地表实测可燃物含水率动态变化情况、以时为步长含水率预测模型的估计参数、预测误差、预测值与实测值对照、模型外推误差结果等多方面对不同坡位坡向和郁闭度的落叶松林、白桦林、樟子松林、杨桦混交林、红皮云杉林和采伐迹地进行结果描述和误差分析。并比较Nelson、Simard、气象要素回归3种方法在上述不同条件下的地表细小可燃物含水率预测情况及外推能力。

其中，落叶松林和白桦林进行了阴坡、阳坡两种坡向对照，阳坡坡向则进行了上坡位、中坡位和下坡位3个坡位的对比，模型外推能力分析也在同一林型下进行。樟子松林、杨桦混交林、红皮云杉林和采伐迹地因没有多坡向坡位数据，故这4种林型仅做林型间的横向对照，外推部分也做林型间的分析。

4.2 落叶松林含水率预测与外推结果分析

4.2.1 落叶松林地表气象要素动态变化情况

总体来看，图4-1对应阳坡上坡位、中坡位、下坡位和阴坡下坡位样地的空气温度与相对湿度实测值。采样次序与含水率相同，为10：00—17：00的日间变化情况。因阳坡上坡位、阳坡中坡位以及阳坡下坡位和阴坡下坡位分别是两时期的对照观测，所以按照这样的组合分别做两组对照分析。其中阳坡上坡位、阳坡中坡位样地在观测第5日（采样次序32处）遇到降雨，日降水量约6mm。阳坡下坡位及阴坡中坡位各个样地因实验环境及设备条件限制少获取两个日周期数据，且在采样次序26处伴有降雨。

阳坡上坡位样地温度差异范围是0.8～14.2℃，平均值为7.7℃；湿度差异范围是0.26～0.99，平均值为0.43。阳坡中坡位样地温度差异范围是1.9～14.6℃，平均值为8.6℃；湿度差异范围是0.24～0.99，平均值为0.40。由图4-1可见，阳坡上坡位样地的湿度高于阳坡中坡位样地，温度低于阳坡中坡位样地。降雨时段（采样次序32处）两者的温湿度差异均不大。

阳坡下坡位样地温度差异范围是-1.6～22.0℃，平均值为8.5℃；湿度差异范围是0.28～0.99，平均值为0.56。阴坡下坡位样地温度差异范围是-1.6～21.0℃，平均值为7.8℃；湿度差异范围是0.28～0.99，平均值为0.60。由图4-1可见，阳坡下坡位样地的温度总体高于阴坡下坡位样地，相对湿度低于阴坡下坡位样地，降雨时（采样次序26处）两者的湿度差异不大，个别时段相反。

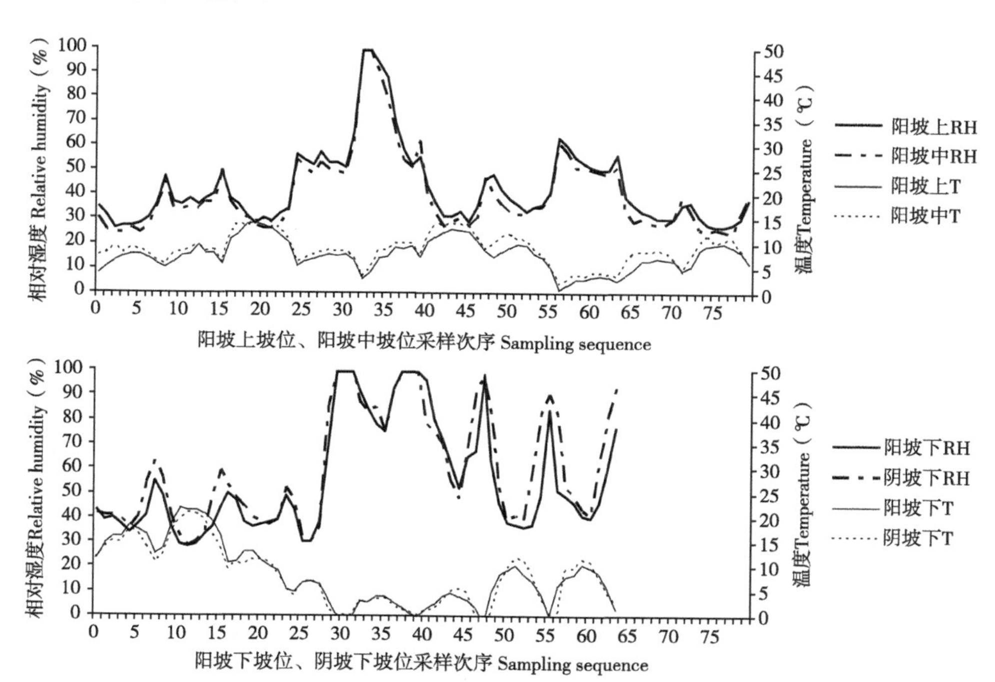

RH：相对湿度Relative humidity；T：温度Temperature；下同The same below

图4-1 落叶松林实测气象要素动态变化

Fig.4-1 Dynamics of measured meteorological elements in *Larix gmelinii*

4.2.2 落叶松林地表实测可燃物含水率动态变化情况

落叶松林地表实测可燃物含水率动态变化情况如图4-2所示，图4-2中实测含水率折线为10：00—17：00的日间变化情况。含水率变化趋势类似于相对湿度的变化趋势，总体上呈周期性变化。当相对湿度高于一定程度且温度较低时，含水率明显高于其他情况，而高于35%的含水率因其没有研究价值，在图4-2中以缺失数据的断线显示。

总体上，阳坡样地含水率在5%～25%变化，平均值是15.7%，明显低于阴坡样地含水率的变化范围，即20%～30%，平均值为25.3%。而对于上、中、下3个不同坡位，随着坡位的降低，含水率呈上升趋势，它们的平均值分别为14.8%、15.5%、16.9%。

同一坡向和坡位的不同郁闭度下，阳坡上坡位样地，无遮阴样地含水率变化范围是6.9%～20.5%，平均值为12.7%；半遮阴样地含水率变化范围是10.4%～31.1%，平均值为15.8%；林荫下样地含水率变化范围是6.3%～25.9%，平均值为15.9%。对于阳坡中坡位样地，无遮阴样地含水率变化范围是8.8%～22.5%，平均值为13.5%；半遮阴样地含水率变化范围是13.8%～29.4%，平均值为17.5%；林荫下坡位样地含水率变化范围是10.2%～28.8%，平均值为15.5%。对于阳坡下坡位样地，无遮阴样地含水率变化范围是10.8%～15.8%，平均值为13.1%；半遮阴样地含水率变化范围是12.1%～17.2%，平均值为14.2%；林荫下坡位样地含水率变化范围是20.9%～27.0%，平均值为23.3%。对于阴坡下坡位样地，无遮阴样地含水率变化范围是25.2%～31.4%，平均值为27.9%；半遮阴样地含水率变化范围是18.4%～30.3%，平均值为24.9%；林荫下坡位样地含水率变化范围是16.3%～29.2%，平均值为23.2%。对于各个样地3种不同郁闭度，在阳坡上坡位无遮阴样地的含水率最低；而在阴坡则正好相反，总体含水率高于阳坡。对于阳坡上、中坡位，林荫下样地含水率总体高于半遮阴样地；对于阳坡下坡位和阴坡下坡位样地，半遮阴样地含水率则偏高。阴坡下坡位林荫下样地比半遮阴样地还要干燥，这可能是由于阴坡本身光照不足且温度较低造成的。可以得出，地表细小可燃物含水率具有较强的异质性，与坡向坡位及郁闭度有关，进而与局部接收的太阳辐射量和地下水分有关。

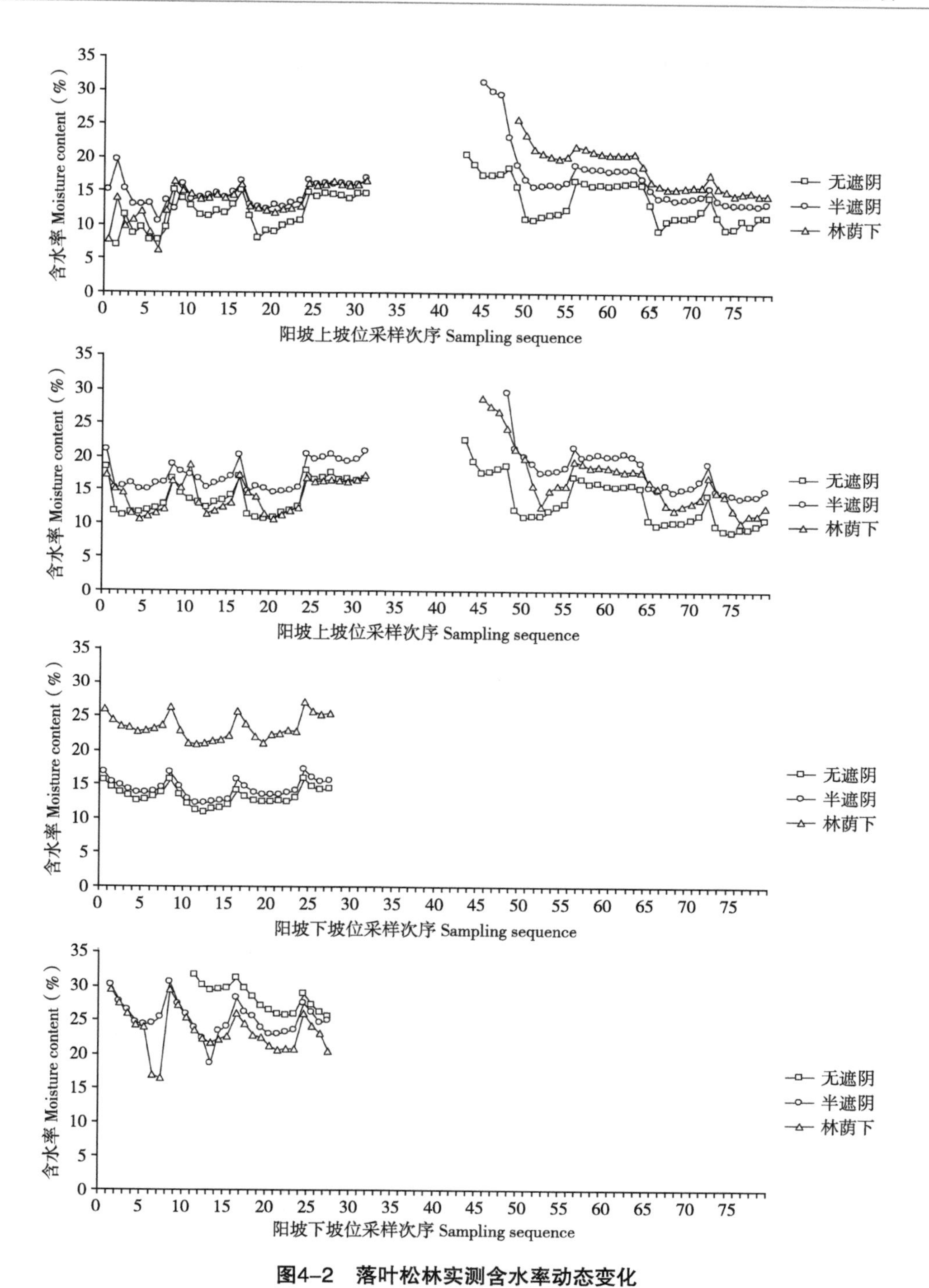

图4-2 落叶松林实测含水率动态变化

Fig.4-2 Dynamics of fuel moisture contents in *Larix gmelinii*

4.2.3 落叶松林以时为步长含水率预测模型

4.2.3.1 模型估计参数

对于模型估计参数，表4-1给出了落叶松林下3种以时为步长模型的不同样地估计参数结果。在12个样地中Nelson法的参数β值作为公式的斜率，直接反映平衡含水率对温湿度的敏感性，斜率绝对值越小说明样品的持水能力越强。由此可得，在坡位较低处（阳坡下坡位、阴坡下坡位）的无遮阴样地可燃物持水能力要强于其他位置，而坡位较高处（阳坡上坡位、阳坡中坡位）则是半遮阴样地持水能力最强。不同样地可燃物的时滞均在1～4变化。R^2则代表了预测结果的拟合程度，所有样地均能达到0.9。

由Simard法估计的可燃物时滞变化较Nelson法大。对于阳坡而言，总体上无遮阴样地可燃物的时滞最小，值约为6h，林荫下样地可燃物的时滞最大，这与Simard法来自较粗木材实验结果相吻合。对于阴坡而言，变化则正好相反。R^2在0.5～0.9变化，较Nelson法精度有所下降。气象要素回归法的$b0$～$b4$参数本身无意义，不做描述。气象要素回归法的R^2较小，显著性不明显。

4.2.3.2 模型预测误差对比

模型预测误差对比，图4-3给出了3种可燃物含水率预测模型的交叉验证误差结果。总体上，3种误差变化趋势相一致，阳坡样地的3种方法误差均高于阴坡样地。而对于阳坡的不同坡位，3种方法的误差也各不相同。较高坡位上预测结果精度最高的是Nelson法，精度最低的是气象要素回归法，而Simard法精度比较接近Nelson法。在较低坡位3种模型误差较为接近，阴坡下坡位样地情况接近阳坡下坡位样地。

对于同一坡向坡位的样地，阳坡上坡位无遮阴样地Nelson法预测效果最好，半遮阴与林荫下样地的情况与无遮阴样地情况相似。阳坡中坡位样地里，半遮阴样地预测误差最小，模型精度差异与阳坡上坡位样地相一致。阳坡下坡位的林荫下样地Nelson法预测效果依然最好，而Simard法和气象要素回归法依然是在半遮阴样地预测效果最好。阴坡下坡位样地则与阳坡上坡位样地情况相同，随着郁闭度的增加，预测精度均在下降。

表4-1 落叶松林3种模型的估计参数

Tab.4-1 Estimated parameters from three models in *Larix gmelinii*

模型	参数	阳坡上坡位			阳坡中坡位			阳坡下坡位			阴坡下坡位		
		无遮阴	半遮阴	林荫下	无遮阴	半遮阴	林荫下	无遮阴	半遮阴	林荫下	无遮阴	半遮阴	林荫下
Nelson	λ	0.810	0.855	0.849	0.784	0.709	0.888	0.703	0.755	0.774	0.870	0.725	0.887
	α	0.440	0.354	0.502	0.496	0.523	0.594	0.191	0.214	0.245	0.302	0.432	0.087
	β	−0.067	−0.045	−0.074	−0.076	−0.073	−0.096	−0.014	−0.017	−0.005	−0.012	−0.042	0.019
	τ	2.375	3.182	3.053	2.051	1.453	4.204	1.419	1.783	1.953	3.591	1.556	4.180
	R^2	0.909	0.896	0.901	0.908	0.920	0.932	0.915	0.927	0.907	0.935	0.903	0.905
Simard	λ	0.920	0.942	0.952	0.916	0.949	0.944	0.923	0.946	0.974	0.974	0.961	0.950
	τ	6.003	8.303	10.186	5.705	9.520	8.751	6.225	8.930	18.752	18.880	12.519	9.721
	R^2	0.848	0.824	0.841	0.829	0.734	0.905	0.466	0.659	0.571	0.851	0.607	0.834
气象要素回归	$b0$	−0.470	−0.338	0.472	−0.858	−0.041	−0.687	0.524	0.592	0.806	−0.825	0.499	0.038
	$b1$	−0.003	−0.007	−0.010	0.004	0.001	0.000	0.003	0.003	0.003	0.010	0.011	0.014
	$b2$	0.030	−0.033	−0.176	0.185	0.007	0.025	0.117	0.112	0.127	0.155	0.257	0.129
	$b3$	0.004	0.009	0.009	−0.001	0.000	0.002	−0.005	−0.005	−0.005	−0.007	−0.012	−0.014
	$b4$	0.195	0.190	0.367	0.074	0.205	0.202	−0.060	−0.057	−0.065	−0.009	−0.133	−0.096
	R^2	0.431	0.145	0.373	0.463	0.653	0.235	0.817	0.877	0.763	0.839	0.682	0.640

对于3种模型及误差，无论是MAE、MRE还是RMSE，Nelson法预测误差较小且稳定，总体上高坡位误差大于低坡位的误差，预测效果总体最好。Simard法在低坡位样地误差变化较大，阳坡下坡位样地预测误差最小，其次是阴坡下坡位样地和阳坡中坡位样地。气象要素回归法预测误差总体偏大，尤其是在高坡位林荫下样地中，误差甚至能达到其他方法的2倍，而在低坡位样地中误差较小。所以气象要素回归法预测效果总体上最差。

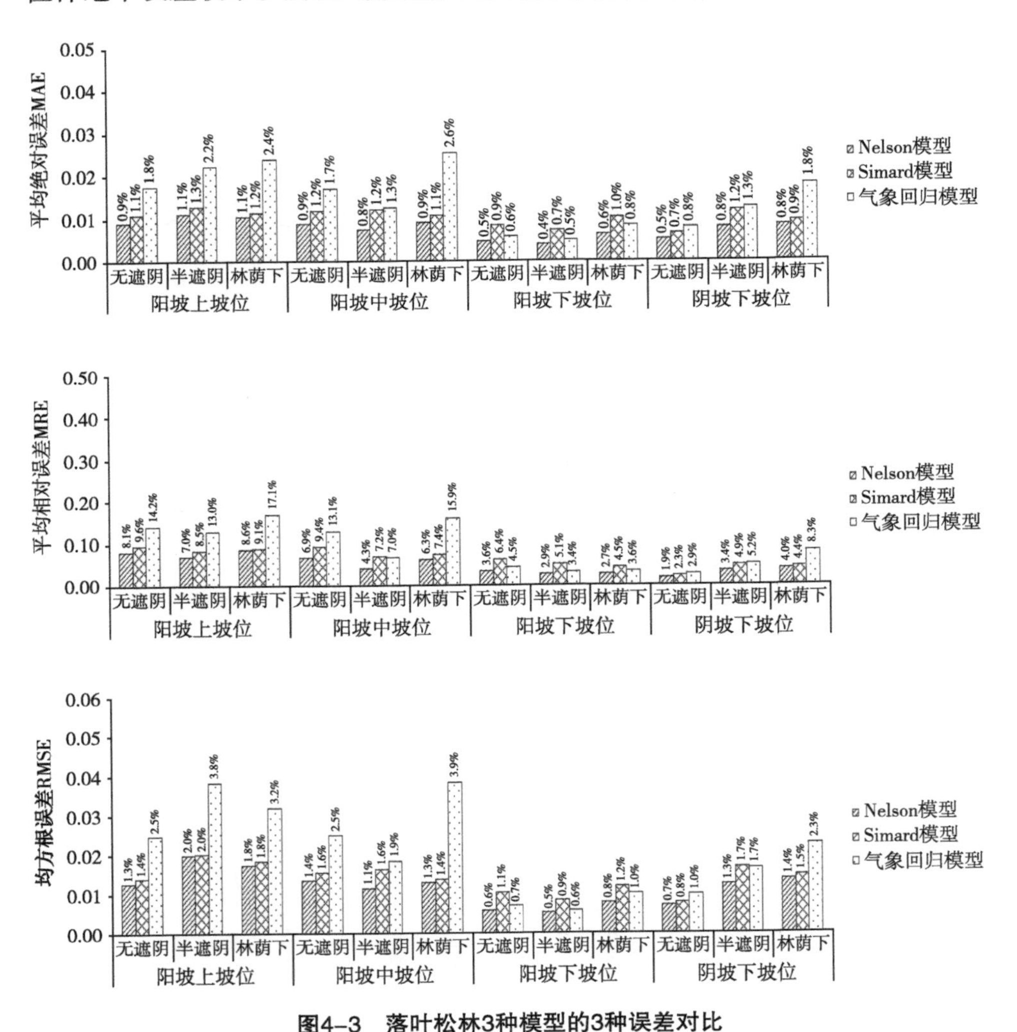

图4-3　落叶松林3种模型的3种误差对比

Fig.4-3　Comparison of three errors in the three models in *Larix gmelinii*

4.2.3.3 含水率预测值与实测值对比

预测值与实测值的变化，由图4-4给出了预测和实测可燃物含水率值的对比图。对于阳坡上坡位样地，无遮阴样地预测值与实测值均很规整，折线不凌乱，效果较好。含水率折线主要在10%～15%的范围内变化。半遮阴和林荫下样地中，最开始和雨后（采样次序44处以后）含水率变化较剧烈，但均呈现规则升降。半遮阴样地的含水率折线在15%左右变化，略高于无遮阴样地和林荫下样地的10%～15%。阳坡中坡位的3个样地变化类似于阳坡上坡位，但一开始的含水率折线较阳坡上坡位更规整，少有杂乱变化。依然是半遮阴样地含水率折线变化范围略高于无遮阴和林荫下样地。阳坡下坡位样地后期实测含水率均高于35%，近大半数据无法参与建模，但前期数据变化很有规律，没有不规则变化，这可以弥补数据较少的缺憾。从图像上看，无遮阴、半遮阴样地变化几乎一致，林荫下样地含水率总体高于前两个样地约10%，且变化更剧烈。对于阴坡下坡位样地，数据变化较为剧烈，无遮阴样地数据缺失较严重，且总体上含水率较高，但3种模型的预测结果仍比较贴近实测值。

对于3种不同模型和不同立地条件样地下的可燃物，每个模型都能较准确预测可燃物含水率的变化趋势。Nelson法的含水率预测曲线在大多情况下能够跟随实测值变化，且最为接近实测值。Simard法对不同样地的可燃物含水率预测结果也较为接近实测值，但变化略大于Nelson法的预测结果，在含水率升降过程中会和实测值有一定的偏差，预测结果其次。气象要素回归法对于不同样地的含水率预测结果变化则趋于稳定，不随含水率大幅度变化，尤其是在雨后的曲线上，气象要素回归法的预测结果总是先低于其他方法和实测值，然后再慢慢接近实测值，这与气象要素回归法是统计模型的特点相吻合。

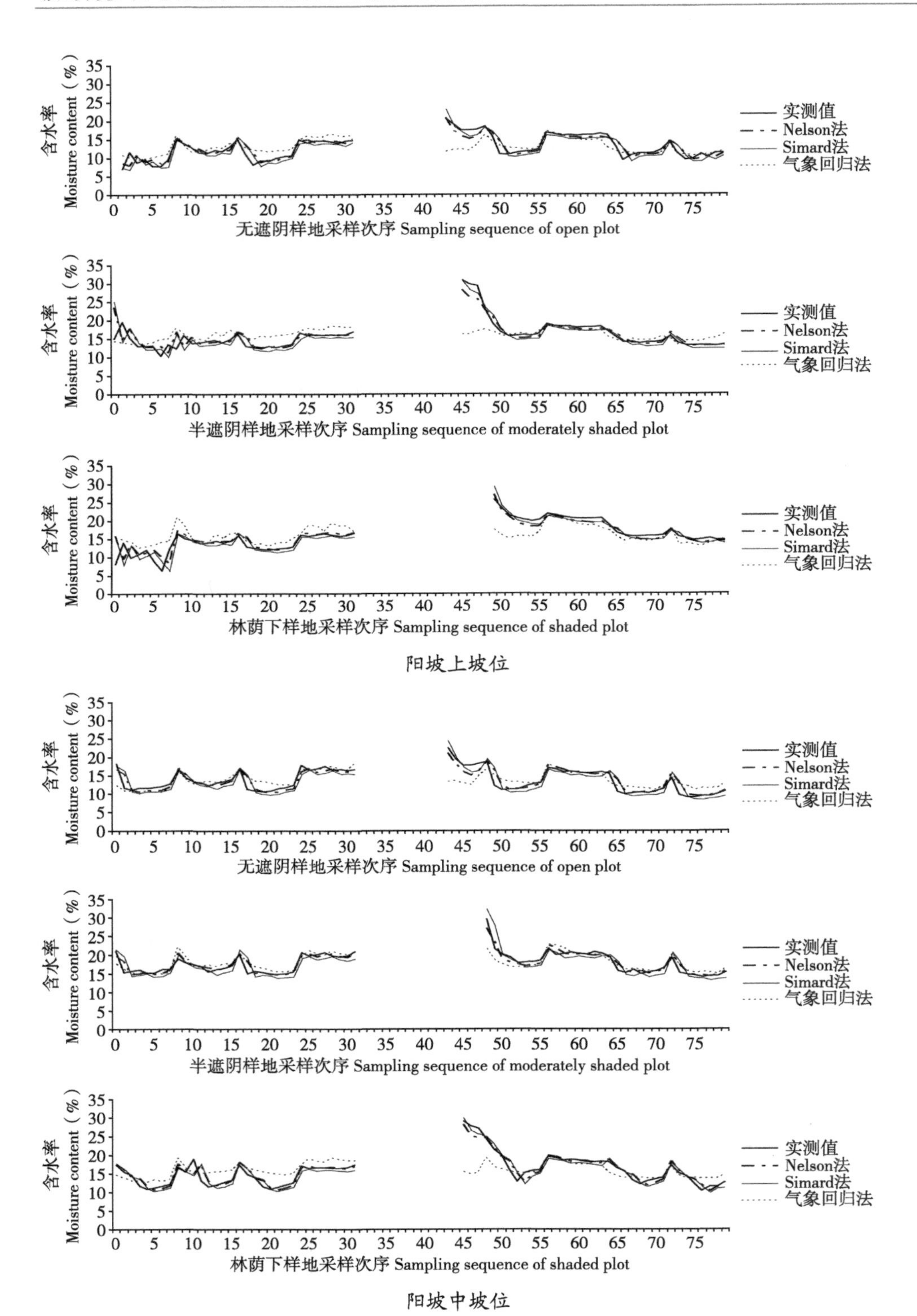
含水率 Moisture content（%）
实测值
Nelson法
Simard法
气象回归法
无遮阴样地采样次序 Sampling sequence of open plot
半遮阴样地采样次序 Sampling sequence of moderately shaded plot
林荫下样地采样次序 Sampling sequence of shaded plot

阳坡上坡位

阳坡中坡位

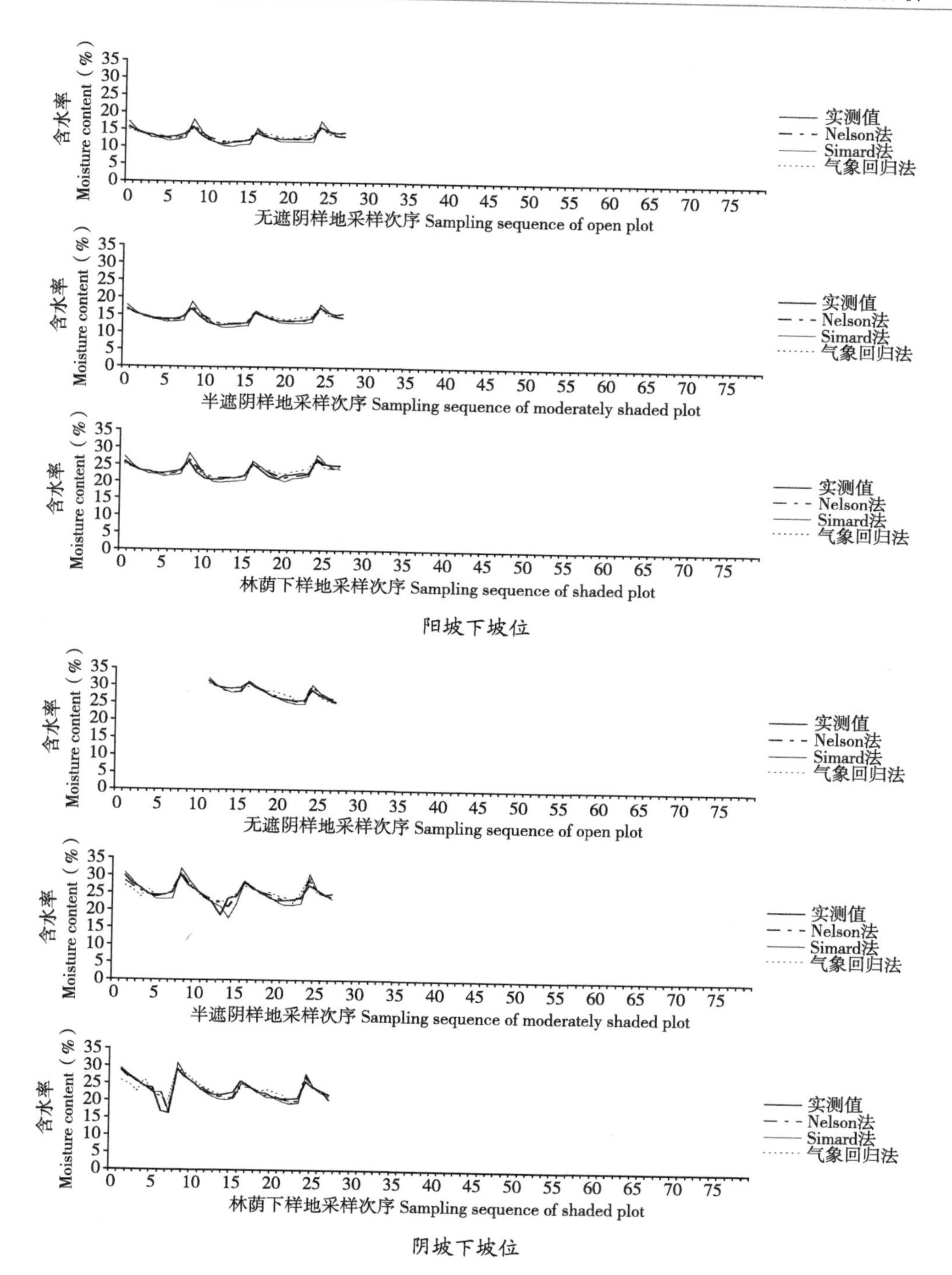

图4-4　落叶松林不同样地实测值与3种模型预测值对照

Fig.4-4　Comparison of measured and predictive value in there different plots in *Larix gmelinii*

4.2.4 落叶松林模型外推结果

对于外推计算结果，表4-2至表4-5给出了这3类模型外推到其他11个样地后的具体误差值及对每个模型的误差统计。在这些表中，每行数据表示将行头对应样地的数据代入列头所代表的模型中得到的误差值，即每列数据表示列头对应模型在不同样地中的外推预测误差。A、B、C、D代表阳坡上坡位、阳坡中坡位、阳坡下坡位及阴坡下坡位样地；1、2、3代表无遮阴样地、半遮阴样地、林荫下样地。为了便于对照分析，模型自身的误差罗列在左上至右下的对角线位置上，并以粗体字显示。但自身数据没有参与统计计算，因为这部分主要分析模型的外推能力，即模型在其他样地的使用情况。后面由表4-5分别给出Nelson法、Simard法和气象要素回归法外推时的总误差统计情况，即每类模型中的12个模型外推到其他11个样地后共产生132个误差的总体最小值、最大值、平均值、变异系数等。

4.2.4.1 Nelson法外推误差

Nelson法外推时最小MAE为0.005，出现在阳坡下坡位无遮阴样地数据使用阳坡上坡位半遮阴样地的模型的计算结果（C2行A2列）。MAE最大误差（表4-2）出现在阴坡下坡位无遮阴样地数据代入阳坡下坡位无遮阴样地建立的模型后得到的0.073（D1行C1列）。MAE平均值为0.022，变异系数为0.641（表4-5）。MRE极值分别为0.028和0.459，出现位置分别是阳坡下坡位林荫下样地（C3）数据和阳坡上坡位无遮阴样地（A1）数据代入阴坡下坡位半遮阴样地（D2）的模型后得到的。MRE平均值为0.128，变异系数为0.668（表4-5）。

对于表4-2中给出的误差，其他样地的数据在使用阳坡中坡位林荫下样地（B3列）的模型计算时，MAE误差平均值最小，达到0.012。而使用阴坡下坡位半遮阴样地（D2列）的模型计算MAE误差结果平均值最大，达到0.035。但变异系数极值出现的位置与平均值不一样，分别为阴坡下坡位林荫下样地（D3列）的0.175和阳坡下坡位无遮阴样地（C1列）的0.718。对于MRE，平均值、最小值、最大值分别为阳坡中坡位林荫下样地（B3列）的0.069和阴坡下坡位半遮阴样地（D2列）的0.252。变异系数极值出现位置与平均值一样，分别为阳坡中坡位林荫下样地（B3列）的0.186和阴坡下坡位无遮阴样地（D2列）的0.595。

表4-2 落叶松林Nelson法外推误差矩阵

Tab.4-2 Matrices of Nelson extrapolation errors in *Larix gmelinii*

误差	样地	A1	A2	A3	B1	B2	B3	C1	C2	C3	D1	D2	D3
MAE	A1	**0.009**	0.010	0.011	0.009	0.026	0.010	0.012	0.011	0.041	0.033	0.053	0.015
	A2	0.015	**0.011**	0.011	0.013	0.018	0.011	0.018	0.013	0.032	0.027	0.042	0.013
	A3	0.016	0.010	**0.010**	0.014	0.015	0.010	0.021	0.015	0.028	0.026	0.038	0.012
	B1	0.009	0.009	0.009	**0.009**	0.021	0.009	0.013	0.011	0.039	0.032	0.049	0.016
	B2	0.019	0.010	0.010	0.017	**0.007**	0.011	0.023	0.016	0.023	0.023	0.030	0.010
	B3	0.013	0.009	0.009	0.011	0.016	**0.009**	0.017	0.013	0.032	0.028	0.041	0.013
	C1	0.007	0.008	0.009	0.006	0.023	0.008	**0.004**	0.006	0.040	0.033	0.052	0.015
	C2	0.007	**0.005**	0.006	0.006	0.018	0.006	0.006	**0.004**	0.036	0.030	0.046	0.012
	C3	0.035	0.020	0.020	0.036	0.027	0.016	0.051	0.038	**0.006**	0.009	0.006	0.009
	D1	0.048	0.029	0.029	0.050	0.047	0.022	**0.073**	0.056	0.017	**0.004**	0.016	0.014
	D2	0.035	0.021	0.020	0.036	0.030	0.017	0.057	0.042	0.009	0.012	**0.007**	0.011
	D3	0.030	0.016	0.017	0.031	0.024	0.014	0.047	0.035	0.009	0.015	0.013	**0.008**
	平均值	**0.021**	**0.013**	**0.014**	**0.021**	**0.024**	**0.012**	**0.031**	**0.023**	**0.028**	**0.024**	**0.035**	**0.013**
	变异系数	**0.647**	**0.536**	**0.505**	**0.714**	**0.373**	**0.374**	**0.718**	**0.700**	**0.421**	**0.352**	**0.469**	**0.175**
	最大误差	**0.048**	**0.029**	**0.029**	**0.050**	**0.047**	**0.022**	**0.073**	**0.056**	**0.041**	**0.033**	**0.053**	**0.016**
	最小误差	**0.007**	**0.005**	**0.006**	**0.006**	**0.015**	**0.006**	**0.006**	**0.006**	**0.009**	**0.009**	**0.006**	**0.009**
MRE	A1	**0.078**	0.091	0.098	0.082	0.226	0.088	0.105	0.105	0.361	0.285	**0.459**	0.139
	A2	0.090	**0.066**	0.067	0.078	0.111	0.072	0.102	0.077	0.218	0.189	0.282	0.092
	A3	0.112	0.083	**0.082**	0.102	0.120	0.083	0.137	0.107	0.221	0.199	0.285	0.104
	B1	0.072	0.075	0.075	**0.066**	0.170	0.071	0.096	0.091	0.322	0.263	0.397	0.133
	B2	0.108	0.060	0.060	0.100	**0.040**	0.066	0.129	0.091	0.142	0.137	0.182	0.061
	B3	0.080	0.060	0.057	0.070	0.110	**0.060**	0.099	0.080	0.236	0.201	0.293	0.099
	C1	0.048	0.059	0.068	0.043	0.179	0.056	**0.032**	0.047	0.312	0.256	0.398	0.117
	C2	0.049	0.036	0.041	0.041	0.124	0.041	0.044	**0.025**	0.254	0.213	0.327	0.088
	C3	0.150	0.085	0.085	0.154	0.116	0.072	0.220	0.164	**0.024**	0.041	**0.028**	0.037
	D1	0.171	0.105	0.105	0.181	0.167	0.078	0.261	0.201	0.059	**0.016**	0.055	0.049

（续表）

误差	样地	A1	A2	A3	B1	B2	B3	C1	C2	C3	D1	D2	D3
MRE	**D2**	0.143	0.086	0.084	0.147	0.119	0.069	0.227	0.169	0.038	0.048	**0.029**	0.046
	D3	0.128	0.073	0.075	0.132	0.107	0.062	0.200	0.148	0.046	0.072	0.062	**0.037**
	平均值	**0.105**	**0.074**	**0.074**	**0.103**	**0.141**	**0.069**	**0.147**	**0.116**	**0.201**	**0.173**	**0.252**	**0.088**
	变异系数	**0.393**	**0.259**	**0.248**	**0.449**	**0.277**	**0.186**	**0.466**	**0.407**	**0.571**	**0.502**	**0.595**	**0.401**
	最大误差	**0.171**	**0.105**	**0.105**	**0.181**	**0.226**	**0.088**	**0.261**	**0.201**	**0.361**	**0.285**	**0.459**	**0.139**
	最小误差	**0.048**	**0.036**	**0.041**	**0.041**	**0.107**	**0.041**	**0.044**	**0.047**	**0.038**	**0.041**	**0.028**	**0.037**

注：A、B、C、D分别对应阳坡上坡位、中坡位、下坡位及阴坡下坡位。1、2、3代表无遮阴样地、半遮阴样地、林荫下样地。表中数据因四舍五入而出现同值，比较时按真实值进行比较

如果将外推MAE平均误差和原误差的差距不超过原误差的30%看作相近，则对于Nelson这种方法的12个模型中，只有1个模型的外推平均误差与原模型误差相近（阳坡上坡位半遮阴样地：A2），其余模型外推误差均高于原误差，没有外推误差低于原误差的模型。这表明Nelson法外推误差较原模型普遍有增大的趋势。

综合上述，Nelson法外推能力总体较为平稳，与坡位关系不大，郁闭度高的地区外推误差较小。

4.2.4.2 Simard法外推误差

表4-3 落叶松林Simard法外推误差矩阵

Tab.4-3 Matrices of Simard extrapolation errors in *Larix gmelinii*

误差	样地	A1	A2	A3	B1	B2	B3	C1	C2	C3	D1	D2	D3
MAE	**A1**	**0.011**	0.010	0.010	0.011	0.010	0.010	0.011	0.010	0.010	0.010	0.010	0.010
	A2	0.014	**0.013**	0.012	0.014	0.012	0.013	0.014	0.012	0.011	0.011	0.012	0.012
	A3	0.014	0.012	**0.011**	0.015	0.012	0.012	0.014	0.012	0.010	0.010	0.011	0.012
	B1	0.012	0.011	0.011	**0.012**	0.011	0.011	0.011	0.011	0.011	0.011	0.011	0.011
	B2	0.015	0.013	0.012	0.015	**0.012**	0.012	0.014	0.012	0.011	0.011	0.011	0.012
	B3	0.011	0.011	0.011	0.012	0.011	**0.011**	0.011	0.011	0.011	0.011	0.011	0.011

（续表）

误差	样地	A1	A2	A3	B1	B2	B3	C1	C2	C3	D1	D2	D3
MAE	C1	0.008	0.008	0.008	0.009	0.008	0.008	**0.008**	0.008	0.008	0.008	0.008	0.008
	C2	0.008	0.007	0.007	0.008	0.007	0.007	0.008	**0.007**	0.007	0.007	0.007	0.007
	C3	0.018	0.013	0.012	0.019	0.012	0.013	0.018	0.013	**0.010**	0.010	0.011	0.012
	D1	0.022	0.014	0.010	**0.023**	0.011	0.013	0.021	0.012	**0.006**	**0.006**	0.008	0.011
	D2	0.018	0.013	0.012	0.019	0.012	0.013	0.017	0.013	0.013	0.013	**0.012**	0.012
	D3	0.015	0.010	0.009	0.016	0.009	0.010	0.014	0.010	0.011	0.011	0.009	**0.009**
	平均值	**0.014**	**0.011**	**0.010**	**0.015**	**0.011**	**0.011**	**0.014**	**0.011**	**0.010**	**0.010**	**0.010**	**0.011**
	变异系数	**0.299**	**0.196**	**0.166**	**0.320**	**0.168**	**0.184**	**0.261**	**0.135**	**0.200**	**0.149**	**0.170**	**0.162**
	最大误差	**0.022**	**0.014**	**0.012**	**0.023**	**0.012**	**0.013**	**0.021**	**0.013**	**0.013**	**0.013**	**0.012**	**0.012**
	最小误差	**0.008**	**0.007**	**0.007**	**0.008**	**0.007**	**0.007**	**0.008**	**0.008**	**0.006**	**0.007**	**0.007**	**0.007**
MRE	A1	**0.095**	0.091	0.091	0.095	0.091	0.091	0.094	0.091	0.091	0.091	0.091	0.091
	A2	0.092	**0.084**	0.081	0.094	0.081	0.083	0.091	0.082	0.076	0.076	0.078	0.081
	A3	0.105	0.094	**0.089**	**0.108**	0.091	0.093	0.104	0.092	0.082	0.082	0.086	0.090
	B1	0.091	0.086	0.085	**0.092**	0.086	0.086	0.090	0.086	0.085	0.085	0.085	0.086
	B2	0.087	0.074	0.069	0.090	**0.071**	0.073	0.085	0.072	0.063	0.063	0.066	0.070
	B3	0.078	0.074	0.073	0.080	0.073	**0.073**	0.077	0.073	0.076	0.076	0.073	0.073
	C1	0.062	0.058	0.059	0.064	0.059	0.058	**0.061**	0.058	0.060	0.060	0.059	0.059
	C2	0.056	0.050	0.048	0.057	0.049	0.050	0.055	**0.049**	0.047	0.047	0.047	0.048
	C3	0.080	0.058	0.052	0.084	0.054	0.056	0.077	0.055	**0.043**	0.043	0.047	0.053
	D1	0.079	0.050	0.037	0.084	0.041	0.047	0.075	0.045	**0.022**	**0.022**	0.028	0.040
	D2	0.075	0.055	0.049	0.079	0.050	0.053	0.072	0.052	0.052	0.052	**0.048**	0.050
	D3	0.067	0.048	0.042	0.070	0.043	0.046	0.064	0.045	0.048	0.049	0.043	**0.043**
	平均值	**0.079**	**0.067**	**0.062**	**0.082**	**0.065**	**0.067**	**0.080**	**0.068**	**0.064**	**0.066**	**0.064**	**0.067**
	变异系数	**0.181**	**0.258**	**0.296**	**0.178**	**0.299**	**0.278**	**0.176**	**0.262**	**0.323**	**0.258**	**0.325**	**0.272**
	最大误差	**0.105**	**0.094**	**0.091**	**0.108**	**0.091**	**0.093**	**0.104**	**0.092**	**0.091**	**0.091**	**0.091**	**0.091**
	最小误差	**0.056**	**0.048**	**0.037**	**0.057**	**0.041**	**0.046**	**0.055**	**0.045**	**0.022**	**0.043**	**0.028**	**0.040**

注：A、B、C、D分别对应阳坡上坡位、中坡位、下坡位及阴坡下坡位。1、2、3代表无遮阴样地、半遮阴样地、林荫下样地。表中数据因四舍五入而出现同值，比较时按真实值进行比较

Simard法外推过程中，从表4-3可见，最小最大MAE分别在阴坡下坡位无遮阴样地数据代入阳坡下坡位林荫下样地建立的模型后得到的0.006（D1行C3列）和阴坡下坡位无遮阴样地数据代入阳坡中坡位无遮阴样地建立的模型后得到的0.023（D1行B1列）。MAE平均值为0.011，变异系数为0.261（表4-5）。MRE极值分别为0.022和0.108，出现位置与MAE同模型（B1），但代入的数据为阳坡上坡位林荫下样地数据（A3）。MRE平均值为0.069，变异系数为0.263（表4-5）。

从平均值和变异系数可以得出，使用Simard法时，无论哪个样地数据用在哪个模型中，MAE相差较细微，平均值最大的模型为阳坡中坡位的无遮阴样地建立的模型（B1列），达到0.015，其余列平均值多接近0.011。MAE变异系数极值分别为阳坡下坡位半遮阴样地（C2列）的0.135和阳坡中坡位无遮阴样地（B1列）的0.320。对于MRE，外推误差平均值的极值分别为阳坡上坡位林荫下样地（A3列）的0.062和阳坡中坡位无遮阴样地（B1列）的0.082。MRE变异系数最小值为阳坡下坡位无遮阴样地（C1）的0.176，最大值为阴坡下坡位半遮阴样地（D2列）的0.325。

同样将外推MAE平均误差和原误差的差距不超过原误差的30%看作相近，则对于Simard这种方法的12个模型中，9个模型的外推平均误差与原模型误差相近或相等（阳坡上坡位：A1、A2、A3；阳坡中坡位：B1、B2、B3；阳坡下坡位：C3；阴坡下坡位：D2、D3），3个模型外推误差高于原误差（阳坡下坡位：C1、C2；阴坡下坡位：D1），同样没有模型的外推误差低于原误差。这表明无遮阴样地类Simard法外推误差普遍接近原模型，坡位较低的样地模型会产生较大的外推误差。

综合上述，Simard法外推能力总体较理想，较低坡位外推误差会增加。

4.2.4.3 气象要素回归法外推误差

气象要素回归法外推过程中，从表4-4可见，MAE最小值出现在阳坡下坡位无遮阴样地的数据代入阳坡下坡位无遮阴样地的模型产生的0.011（C2行C1列），最大MAE出现在阳坡下坡位无遮阴样地数据代入阴坡下坡位无遮阴样地建立的模型后得到的0.159（C1行D1列）。MAE平均值为0.061，变异系数为0.616（表4-5）。MRE最小值为0.067，出现在阴坡下坡位半遮阴样地的数据代入阳坡下坡位林荫下样地的模型（D2行C3列），MRE最大值为1.231，出现位置同MAE最大值位置。MRE平均值为0.366，变异系数为0.715（表4-5）。

使用气象要素回归法时，由表4-4的平均值和变异系数可得，MAE平均最小值为阳坡中坡位林荫下样地（B3列）的0.046，最大值为阴坡下坡位无遮阴样地（D1列），达到0.104。MAE变异系数极值分别为阳坡中坡位半遮阴样地（B2列）的0.362和阳坡下坡位无遮阴样地（C1列）的0.830。对于MRE，外推误差平均值的极值分别为阳坡上坡位林荫下样地（A3列）的0.242和阴坡下坡位无遮阴样地（D1列）的0.733。变异系数最小值为阳坡上坡位半遮阴样地（A2）的0.307，最大为阴坡下坡位半遮阴样地（D2列）的0.601。

依然将外推MAE平均误差和原误差的差距不超过原误差的30%看作相近，则对于气象要素回归这种方法的12个模型中，所有模型的外推平均误差均远远高于原模型误差，这表明气象要素回归法普遍不适用于外推计算。

表4-4　落叶松林气象要素回归法外推误差矩阵

Tab.4-4　Matrices of meteorological elements regression extrapolation errors in *Larix gmelinii*

误差	样地	A1	A2	A3	B1	B2	B3	C1	C2	C3	D1	D2	D3
	A1	**0.016**	0.035	0.037	0.021	0.055	0.036	0.024	0.031	0.117	0.138	0.122	0.098
	A2	0.032	**0.021**	0.019	0.026	0.035	0.021	0.022	0.020	0.093	0.110	0.098	0.076
	A3	0.035	0.027	**0.022**	0.031	0.030	0.027	0.029	0.024	0.087	0.105	0.091	0.068
	B1	0.018	0.029	0.028	**0.016**	0.043	0.027	0.021	0.025	0.106	0.129	0.109	0.089
	B2	0.052	0.021	0.023	0.039	**0.012**	0.020	0.038	0.026	0.068	0.089	0.072	0.052
	B3	0.033	0.028	0.024	0.026	0.033	**0.023**	0.027	0.024	0.090	0.110	0.094	0.075
	C1	0.017	0.036	0.022	0.033	0.053	0.046	**0.005**	0.011	0.101	**0.159**	0.114	0.102
MAE	C2	0.013	0.029	0.017	0.026	0.042	0.037	**0.011**	**0.004**	0.090	0.148	0.103	0.091
	C3	0.094	0.066	0.082	0.073	0.048	0.056	0.101	0.090	**0.007**	0.057	0.016	0.022
	D1	0.140	0.110	0.120	0.124	0.095	0.106	0.145	0.134	0.042	**0.006**	0.036	0.055
	D2	0.105	0.079	0.091	0.085	0.059	0.069	0.115	0.104	0.017	0.040	**0.010**	0.023
	D3	0.090	0.067	0.076	0.072	0.047	0.056	0.098	0.087	0.024	0.057	0.022	**0.015**
	平均值	**0.057**	**0.048**	**0.049**	**0.050**	**0.049**	**0.046**	**0.057**	**0.052**	**0.076**	**0.104**	**0.080**	**0.068**
	变异系数	**0.752**	**0.592**	**0.745**	**0.657**	**0.362**	**0.559**	**0.830**	**0.813**	**0.444**	**0.377**	**0.478**	**0.409**

（续表）

误差	样地	A1	A2	A3	B1	B2	B3	C1	C2	C3	D1	D2	D3
MAE	最大误差	**0.140**	**0.110**	**0.120**	**0.124**	**0.095**	**0.106**	**0.145**	**0.134**	**0.117**	**0.159**	**0.122**	**0.102**
	最小误差	**0.013**	**0.021**	**0.017**	**0.021**	**0.030**	**0.020**	**0.011**	**0.011**	**0.017**	**0.040**	**0.016**	**0.022**
MRE	A1	**0.131**	0.322	0.323	0.185	0.480	0.322	0.215	0.290	1.026	1.196	1.058	0.878
	A2	0.184	**0.119**	0.103	0.142	0.216	0.117	0.110	0.106	0.628	0.748	0.656	0.512
	A3	0.208	0.184	**0.158**	0.186	0.229	0.186	0.179	0.166	0.641	0.765	0.666	0.519
	B1	0.119	0.246	0.219	**0.121**	0.354	0.224	0.164	0.212	0.866	1.045	0.886	0.745
	B2	0.293	0.113	0.124	0.223	**0.063**	0.109	0.205	0.135	0.412	0.536	0.428	0.317
	B3	0.184	0.179	0.144	0.144	0.219	**0.147**	0.152	0.148	0.649	0.791	0.668	0.545
	C1	0.131	0.289	0.165	0.262	0.410	0.364	**0.037**	0.086	0.781	**1.231**	0.875	0.789
	C2	0.088	0.214	0.118	0.185	0.299	0.269	0.076	**0.028**	0.642	1.057	0.728	0.649
	C3	0.403	0.280	0.355	0.310	0.207	0.237	0.436	0.389	**0.030**	0.254	0.067	0.096
	D1	0.503	0.392	0.429	0.445	0.339	0.380	0.519	0.478	0.147	**0.021**	0.124	0.194
	D2	0.421	0.309	0.365	0.338	0.237	0.272	0.459	0.414	**0.067**	0.170	**0.043**	0.093
	D3	0.378	0.278	0.321	0.304	0.200	0.240	0.412	0.363	0.111	0.265	0.106	**0.068**
	平均值	**0.265**	**0.255**	**0.242**	**0.248**	**0.290**	**0.247**	**0.266**	**0.253**	**0.543**	**0.733**	**0.569**	**0.485**
	变异系数	**0.535**	**0.307**	**0.489**	**0.380**	**0.325**	**0.358**	**0.593**	**0.547**	**0.588**	**0.524**	**0.601**	**0.570**
	最大误差	**0.503**	**0.392**	**0.429**	**0.445**	**0.480**	**0.380**	**0.519**	**0.478**	**1.026**	**1.231**	**1.058**	**0.878**
	最小误差	**0.088**	**0.113**	**0.103**	**0.142**	**0.200**	**0.109**	**0.076**	**0.086**	**0.067**	**0.170**	**0.067**	**0.093**

注：A、B、C、D分别对应阳坡上坡位、中坡位、下坡位及阴坡下坡位。1、2、3代表无遮阴样地、半遮阴样地、林荫下样地。表中数据因四舍五入而出现同值，比较时按真实值进行比较

4.2.4.4 3种模型整体外推误差比较

对于3种模型外推整体误差的统计数据（表4-5），MAE外推效果最好的是Simard法，其次是Nelson法，最差的是气象要素回归法，这与前面的结果相吻合。MAE的平均值上，Nelson法误差平均值是Simard法的2倍，而气象要素回归法的误差平均值约是Simard法的6倍，变异系数上Nelson法与气象要素回归法较接近，均是Simard法的2倍多。整个外推误差中，最大误差值和最小误差的最大值均出现在气象要素回归法中，可见气象要素回归法的精度和稳定性远不如前两种模型。对于MRE，总体结果类似于MAE。

表4-5 落叶松林3种模型外推误差矩阵数据统计

Tab.4-5 Matrices statistics of three extrapolation errors in *Larix gmelinii*

误差	模型	平均值	变异系数	最大误差	最小误差
MAE	Nelson	0.022	0.641	0.073	0.005
	Simard	0.011	0.261	0.023	0.006
	气象要素回归	0.061	0.616	0.159	0.011
MRE	Nelson	0.128	0.668	0.459	0.028
	Simard	0.069	0.263	0.108	0.022
	气象要素回归	0.366	0.715	1.231	0.067

4.2.5 落叶松林模型预测结果讨论

地表实测可燃物含水率随气象数据呈现有规律的变化。当发生降雨时，可燃物含水率随相对湿度立刻升高，而后渐渐趋于平稳。不同坡位与坡向对含水率影响较大。阳光充足的阳坡上坡位处含水率预测误差明显高于下坡位处及阴坡处。同样，林型的不同郁闭度对地表细小可燃物的含水率影响也很大，这很可能与照射到地表的太阳辐射量和植被的蒸腾作用关系密切。

对于Nelson法，含水率预测误差较小且稳定，总体上高坡位误差大于低坡位的误差，预测效果总体最好。Nelson法在使用阳坡中坡位林荫下样地数据建立的模型外推结果最好。在各种不同坡向坡位下表现较接近，但郁闭度影响较大，多以半遮阴样地外推精度较高。阳坡中上坡位光照充足，尤其雨后水分变化较剧烈，而阴坡下坡位潮湿难干燥，故推测Nelson法适用水分变化较小且常年半湿润的林分。

Simard法在高坡位样地误差变化较大，阳坡下坡位样地预测误差最小，其次是阴坡下坡位样地和阳坡中坡位样地。Simard法则有效果相似的多个样地外推模型可选，但集中于较低坡位。综合来看，阳坡下坡位和阴坡下坡位Simard法外推效果最好，MAE和MRE均能达到最小，总体表现为稳定，适用于多种林型。但同样在水分变化较小的林型下外推能力表现最优。Simard法自身误差较小，且外推误差矩阵误差总体较小，最具外推能力，效果比Nelson法要好。这可能是因为Simard平衡含水率模型由3组分段模型组成，应用在直接估计法中，能根据不同情况自动选用合适的模型，得出恰当的结果。这也说明了表4-1中，两模型所得时滞不同是因为时滞的估计和可燃物平衡含水率的估计相互影响，采用不同的平衡含水率模型，其估计的平衡含水率不同。因此，时滞也有所差异。所得时滞对于不同样地的可燃物的趋势相一致，在阳坡反映了无遮阴样地的可燃物比林荫下可燃物干燥快，阴坡则相反。

气象要素回归法预测误差总体偏大，尤其是在高坡位林荫下样地中，误差甚至能达到其他方法的2倍多，而在低坡位样地中误差相对较小。所以气象要素回归法预测效果总体上最差。气象要素回归法不但自身误差大，其外推误差也远大于自身误差，难以找到规律，且对于阴坡林型误差尤大。这可能由于其作为统计模型本身的性质，外推能力必然不如其他模型。若要针对不同立地条件建立该类型模型，则必须建立针对林型的模型，尤其是微地形变化下的不同模型，这与Wotton等的结论相似。

4.3 白桦林含水率预测与外推结果分析

4.3.1 白桦林地表气象要素动态变化情况

同样因研究区植被覆盖与实验条件限制等因素，阴坡仅选取中坡位样地进行对照分析。而且阴坡中坡位林荫下样地的地表湿度过高，导致该样地全部数据可燃物含水率高于35%，故选取该样地全部数据做一组高可燃物含水率预测对照分析。

白桦林地表气象要素动态变化情况与落叶松林类似，如图4-5所示，分别对应阳坡上坡位、中坡位、下坡位和阴坡中坡位样地的空气温度与相对湿度实测值。采样次序与含水率相同，为10：00—17：00的日间变化情况。因阳坡上坡位、中坡位以及阳坡下坡位和阴坡中坡位分别是两时期的对照观测，所以按照这样的组合分别做两组对照分析。其中阳坡上坡位、阳坡中坡位样地在观测第5日（采样次序32处）遇到降雨，日降水量约5mm。阳坡下坡位及阴坡中坡位各个样地因实验环境及设备条件限制少获取两个日周期数据，且在采样次序26处伴有降雨。

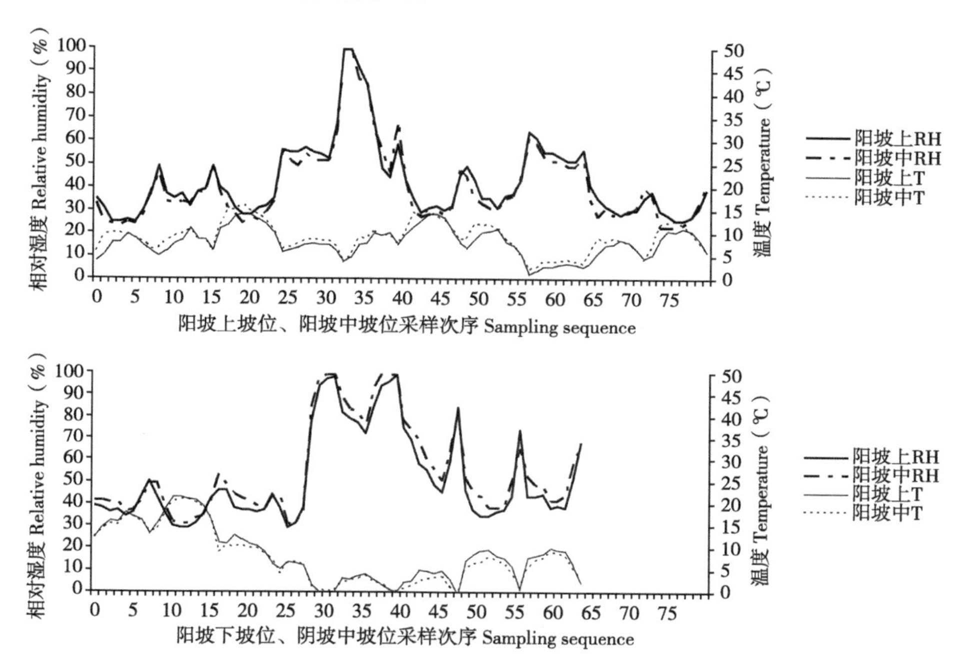

RH：相对湿度Relative humidity；T：温度Temperature；下同The same below

图4-5 白桦林实测气象要素动态变化

Fig.4-5 Dynamics of measured meteorological elements in *Betula platyphylla*

由统计结果可知，白桦林气象数据变化与落叶松林相似。阳坡上坡位样地温度差异范围是1.1～14.4℃，平均值为8.1℃；湿度差异范围是0.25～0.99，平均值为0.42。阳坡中坡位样地温度差异范围是2.1～16.1℃，平均值为8.9℃；湿度差异范围是0.23～0.99，平均值为0.41。由图4-5可见，阳坡上坡位样地的湿度高于阳坡中坡位样地，温度低于阳坡中坡位样地。降雨时段（采样次序32处）两者的温湿度差异较其他时段更小。

阳坡下坡位样地温度差异范围是-0.9～21.4℃，平均值为8.6℃；湿度差异范围是0.29～0.99，平均值为0.51。阴坡中坡位样地温度差异范围是-1.2～20.9℃，平均值为7.7℃；湿度差异范围是0.30～0.99，平均值为0.55。由图4-5可见，阳坡下坡位样地的温度总体高于阴坡中坡位样地，相对湿度低于阴坡中坡位样地，降雨时（采样次序26处）两者的湿度差异加大。

4.3.2 白桦林地表实测可燃物含水率动态变化情况

白桦林地表实测可燃物含水率动态变化情况见图4-6，图4-6中实测含水率折线为10：00—17：00的日间变化情况。含水率变化趋势较为凌乱，尤其是阳坡中坡位。这可能与样地位置的选择有关，比如样地受山谷风的影响等。当相对湿度高于一定程度且温度较低时，含水率明显高于其他情况，而高于35%的含水率因其没有研究价值，在图4-6中以缺失数据的断线显示（林荫下样地全部数据含水率高于35%，仅做对照分析用）。

总体来看，阳坡上坡位样地含水率变化范围相对较低，降雨前后两个阶段相差较大。而阳坡中坡位含水率变化很凌乱，降雨前后两个阶段相差较阳坡上坡位样地小。阳坡下坡位样地含水率变化则很有规律，但降雨之后居高不下。阴坡中坡位样地含水率很高，导致部分数据缺失，尤其是林荫下样地，全部数据含水率均高于35%。

同一坡向和坡位的不同郁闭度下，阳坡上坡位样地，无遮阴样地含水率变化范围是13.4%～32.9%，平均值为20.3%；半遮阴样地含水率变化范围是15.2%～30.2%，平均值为21.6%；林荫下样地含水率变化范围是13.5%～31.6%，平均值为19.8%。对于阳坡中坡位样地，无遮阴样地含水率变化范围是3.1%～30.4%，平均值为15.2%；半遮阴样地含水率变化范围是1.4%～29.9%，平均值为20.0%；林荫下坡位样地含水率变化范围是2.4%～30.3%，平均值为19.8%。对于阳坡下坡位样地，无遮阴样地含水率变化范围是21.4%～29.0%，平均值为25.1%；半遮阴样地含水率变化范围是18.8%～26.8%，平均值为22.5%；林荫下坡位样地含水率变化范围是21.7%～30.6%，平均值为25.4%。对于阴坡中坡位样地，无遮阴样地含水率变化范围是27.2%～39.2%，平均值为30.2%；半遮阴样地含水率变化范围是28.1%～34.2%，平均值为30.1%；林荫下坡位样地基本处于饱和状态，含水率均为可燃物自身重量的数倍，这里不再列举，该样地仅做对照用。对于各个样地3种不同郁闭度，在阳坡上坡位前后两个阶段含水率变化有一定差异。降雨前半遮阴样地最潮湿，林荫下样地最干燥，降雨后无遮阴样地最潮湿，无遮阴样地慢慢干燥起来；对于阳坡中坡位样地，无遮阴样地含水率始终是最低的，降雨对其影响很小；对于阳坡下坡位样地，半遮阴样地含水率则偏高。阴坡中坡位无遮阴样地比半遮阴样地还要干燥。可以得出，地表细小可燃物含水率具有较强的异质性，与坡向坡位及郁闭度等众多因素有关，进而与局部接收的太阳辐射量和地下水分有关。

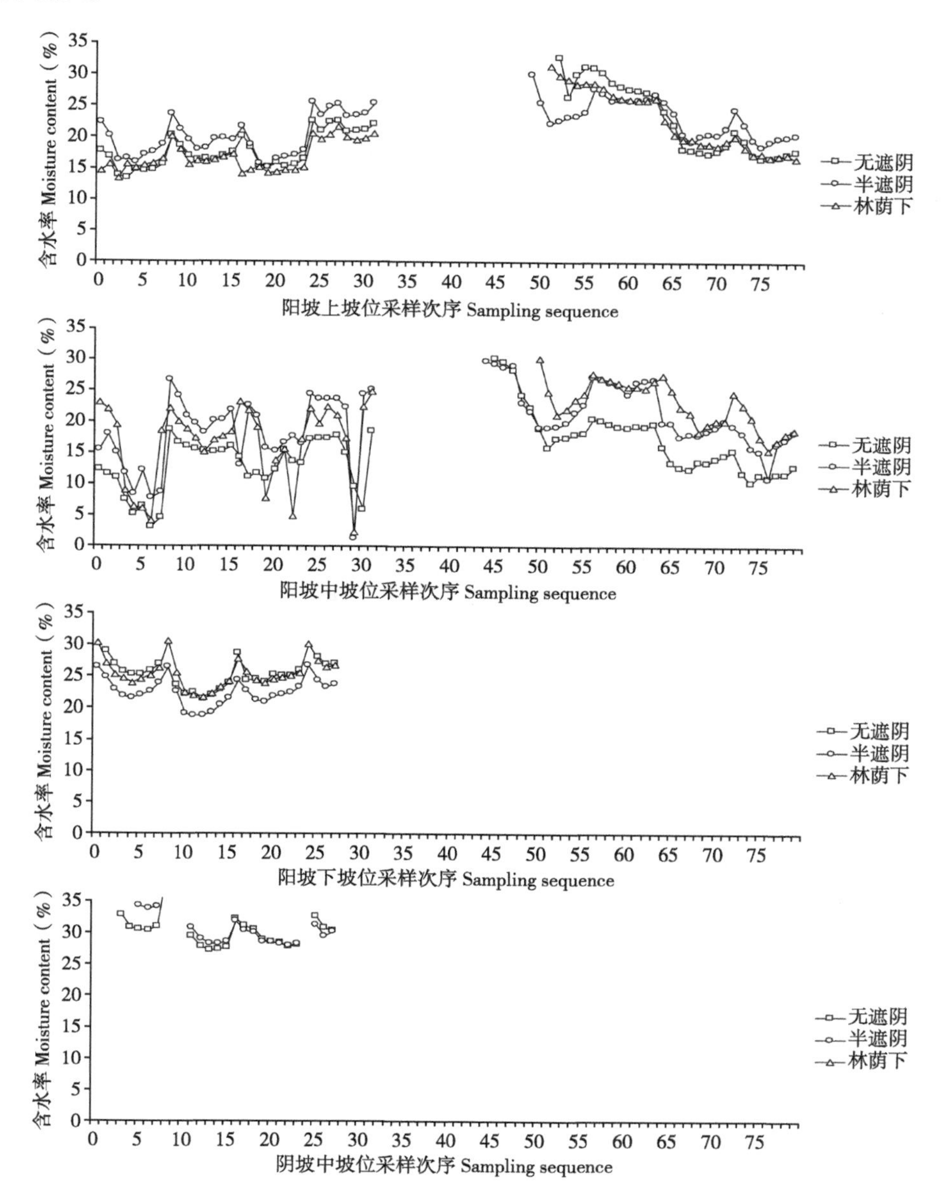

图4–6　白桦林实测含水率动态变化

Fig.4–6　Dynamics of fuel moisture contents in *Betula platyphylla*

4.3.3 白桦林以时为步长含水率预测模型

4.3.3.1 模型估计参数

表4-6给出了白桦林下3种以时为步长模型的不同样地估计参数。与落叶松林类似，在12个样地中Nelson法的参数β值作为公式的斜率，直接反映平衡含水率对温湿度的敏感性，同样斜率绝对值越小说明样品的持水能力越强。由此可得，与落叶松林不同的是，白桦林在坡位较高处（阳坡上坡位）的林荫下样地可燃物持水能力要强于其他位置，而坡位较低处（阴坡中坡位）则是无遮阴样地持水能力最强。不同样地的可燃物的时滞（τ）变化较大，总体在1～8变化。R^2则代表了预测结果的拟合程度，所有样地均能达到0.9的精度，效果与落叶松相似。

由Simard法估计的可燃物时滞变化较Nelson法大，变化情况与落叶松林相一致。对于阳坡而言，总体上无遮阴样地可燃物的时滞最小，值约为6h，林荫下样地可燃物的时滞最大，这与林中实际光照等条件相吻合。对于阴坡而言，变化则正好相反。R^2在0.4～0.9变化，较Nelson法精度下降很多，且不够稳定。

同样，气象要素回归法的$b0$～$b4$参数本身无意义，这里不做描述。单从R^2可以看出，气象要素回归法结果情况与落叶松林相似，所有样地拟合程度都不够好，阳坡下坡位样地拟合程度相对较好。

4.3.3.2 模型预测误差对比

图4-7给出了3种可燃物含水率预测模型的交叉验证误差结果。从总体来看，3种误差相差不大，高坡位样地（阳坡上坡位、阳坡中坡位）的3种方法误差均高于低坡位样地（阳坡下坡位、阴坡中坡位）。而对于阳坡的不同坡位，3种方法的误差也各不相同。较高坡位上，阳坡上坡位预测结果精度最高的是Nelson法，精度最低的是气象要素回归法，而Simard法精度接近Nelson法。在较低坡位，3种模型误差较为接近，阳坡下坡位精度最高的是Nelson法，其次是气象要素回归法，最差的是Simard法结果。虽然Simard法精度最低，但却比高坡位样地预测精度要高。至于阴坡中坡位林荫下样地的误差在这里应忽略，因为这组数据仅作为其他部分的对照分析。

表4-6 白桦林3种模型的估计参数

Tab.4-6 Estimated parameters from three models in *Betula platyphylla*

模型	参数	阳坡上坡位			阳坡中坡位			阳坡下坡位			阴坡中坡位		
		无遮阴	半遮阴	林荫下	无遮阴	半遮阴	林荫下	无遮阴	半遮阴	林荫下	无遮阴	半遮阴	林荫下
Nelson	λ	0.918	0.766	0.938	0.908	0.648	0.738	0.613	0.655	0.713	0.828	0.899	0.848
	α	0.617	0.621	0.356	0.634	0.657	0.784	0.558	0.540	0.643	0.604	0.638	6.979
	β	−0.094	−0.087	−0.042	−0.105	−0.096	−0.123	−0.064	−0.066	−0.082	−0.067	−0.075	−1.238
	τ	5.835	1.876	7.779	5.153	1.154	1.643	1.021	1.181	1.478	2.658	4.696	3.029
	R^2	0.937	0.922	0.928	0.909	0.910	0.895	0.894	0.910	0.916	0.933	0.910	0.933
Simard	λ	0.970	0.968	0.972	0.949	0.930	0.933	0.966	0.960	0.971	0.980	0.985	0.962
	τ	16.566	15.443	17.527	9.643	6.916	7.178	14.476	12.156	17.090	24.557	32.958	12.857
	R^2	0.921	0.833	0.911	0.890	0.781	0.791	0.423	0.457	0.630	0.769	0.841	0.881
气象要素回归	$b0$	1.273	1.103	1.509	−0.987	−0.657	1.770	1.025	0.855	0.896	0.409	−0.022	20.257
	$b1$	−0.012	−0.004	−0.013	−0.006	−0.002	0.004	0.005	0.006	0.006	0.013	0.014	−0.352
	$b2$	−0.062	0.021	−0.040	−0.035	0.136	0.094	0.277	0.295	0.261	0.241	0.381	−5.890
	$b3$	0.007	0.001	0.008	0.010	0.004	−0.010	−0.008	−0.008	−0.009	−0.014	−0.013	0.280
	$b4$	0.291	0.172	0.183	0.340	0.199	0.042	−0.161	−0.125	−0.089	−0.144	−0.253	9.798
	R^2	0.505	0.702	0.362	0.246	0.293	0.329	0.649	0.832	0.830	0.503	0.254	0.635

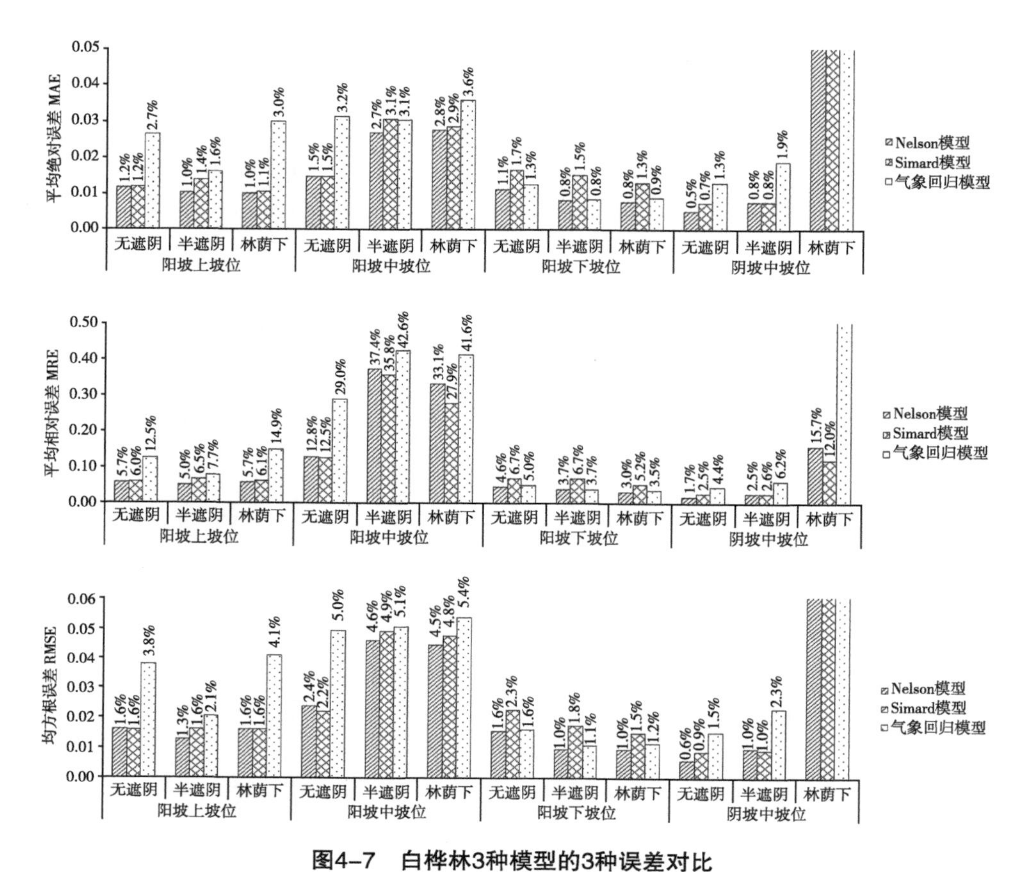

图4-7　白桦林3种模型的3种误差对比

Fig.4-7　Comparison of three errors in the three models in *Betula platyphylla*

对于同一坡向坡位的样地，阳坡上坡位林荫下样地Nelson法预测效果最好，半遮阴与林荫下样地的情况与无遮阴样地情况相似，气象要素回归法误差变化较大。阳坡中坡位样地里，3个模型的误差明显比其他坡位样地要高，其中无遮阴样地Nelson法和Simard法预测误差最小，气象要素回归法误差差异不大，但均为最高。阳坡下坡位的半遮阴与林荫下样地Nelson法预测效果最好，而Simard法和气象要素回归法依然是在林荫下样地预测效果最好。阴坡中坡位样地则与阳坡上坡位样地情况类似。

对于3种模型，无论是MAE、MRE还是RMSE，Nelson法预测误差较小且稳定，总体看高坡位误差大于低坡位的误差，预测效果最好。Simard法在高坡位样地误差变化较大，阴坡中坡位样地预测误差最小（除林荫下样地外），其次是阳坡下坡位样地和阳坡上坡位样地。气象要素回归法预测误差总体偏大，尤其是在高坡位各个样地中，误差甚至同落叶松林一样，能达到其他方法的2倍，而在低坡位样地中误差较小，所以气象要素回归法预测效果总体上依然最差。

4.3.3.3 含水率预测值与实测值对比

含水率预测值与实测值对比如图4-8所示。对于阳坡上坡位样地，可见降雨对其影响很大。无遮阴样地预测值与实测值均很规整，折线不凌乱，效果较好。含水率折线主要在15%～30%的范围内变化。半遮阴和林荫下样地中，雨后（采样次序48处以后）含水率升高剧烈，且短时间内难以降低，至65处之后才开始出现规则性的变化。半遮阴样地的含水率折线在15%～30%变化，略高于无遮阴样地和林荫下样地。阳坡中坡位的3个样地含水率曲线呈现剧烈变化，降雨后变化趋于平缓。郁闭度较高的林荫下样地含水率曲线变化最剧烈，半遮阴样地也与林荫下样地相似，无遮阴样地相对变化较平缓。阳坡下坡位样地后期实测含水率均高于35%，近大半数据无法参与建模，但数据变化很有规律，没有不规则变化，这同样能弥补数据较少的缺憾。从图4-8看，3个不同郁闭度样地变化几乎一致，半遮阴样地含水率总体低于另两个样地约5%。对于阴坡下坡位样地，数据缺失最严重，总体上含水率较高，在25%～35%变化。林荫下样地因含水率数据全部高于35%，因此作为对照样本和其他数据进行对照分析。

3种不同模型中，对于不同立地条件样地下的可燃物，Nelson法和Simard法都能较准确预测可燃物含水率的变化趋势，气象要素回归法偏差稍大。Nelson法的含水率预测曲线在大多情况下能够跟随实测值变化，且最为接近实测值。Nelson法在含水率陡然变化时折线难以和实测值折线贴合。Simard法对不同样地的可燃物含水率预测结果也较为接近实测值，但变化略大于Nelson法的预测结果，在含水率升降过程中会和实测值有一定的偏差。实测含水率下降过程中，Simard法预测结果偏高，而实测含水率上升过程中则正好相反，可见Simard法预测结果趋于阻止含水率变化。气象要素回归法对不同样地的含水率预测结果变化则显得较差，不随含水率大幅度升降而剧烈变化。尤其是在降雨初期，气象要素回归法无法迅速反映出含水率的骤升变化，但这与气象要素回归法是统计模型的特点相吻合。

从阴坡中坡位林荫下样地的图像（图4-8）可以看出，Nelson法与Simard法能在超高含水率的情况下反映实测含水率的变化情况，而气象要素回归法则产生不规则变化，难以预测含水率的变化。

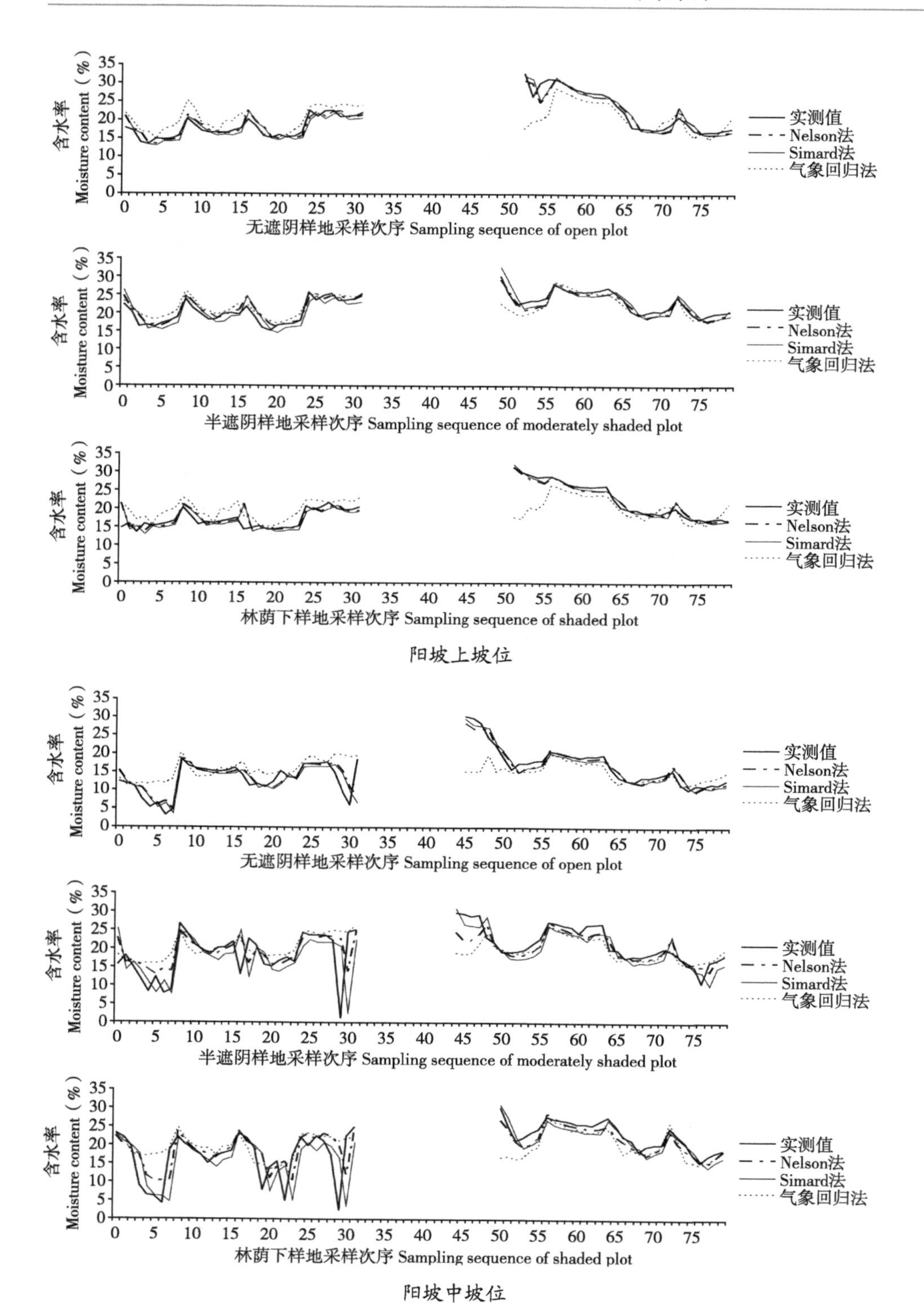
含水率
Moisture content（%）
实测值
Nelson法
Simard法
气象回归法
无遮阴样地采样次序 Sampling sequence of open plot
半遮阴样地采样次序 Sampling sequence of moderately shaded plot
林荫下样地采样次序 Sampling sequence of shaded plot
阳坡上坡位
阳坡中坡位

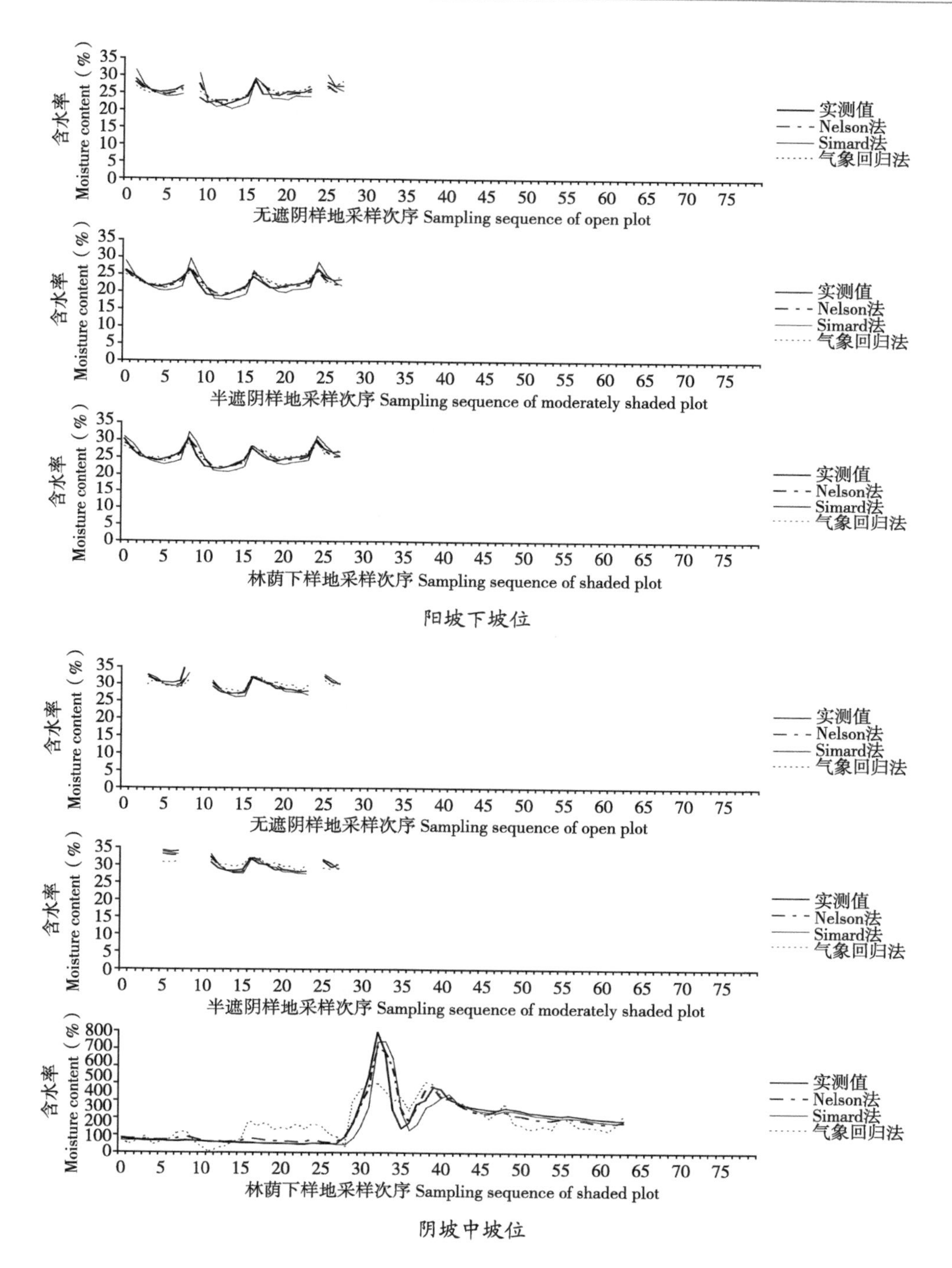

图4-8 白桦林不同样地实测值与3种模型预测值对照

Fig.4-8 Comparison of measured and predictive value in different plots in *Betula platyphylla*

4.3.4 白桦林模型外推结果

对于白桦林模型外推结果，表4-7至表4-10给出了Nelson、Simard、气象要素回归3种模型外推到其他11个样地后的具体误差值及对每个模型的误差统计。在这些表中，每行数据表示将行头对应样地的数据代入列头所代表的模型中得到的误差值，即每列数据表示列头对应模型在不同样地中的外推预测误差。A、B、C、D代表阳坡上坡位、阳坡中坡位、阳坡下坡位及阴坡中坡位样地；1、2、3代表无遮阴样地、半遮阴样地、林荫下样地。为了便于对照分析，模型自身的误差罗列在左上至右下的对角线位置上，并以粗体字显示。但自身数据没有参与统计计算，因为这部分主要分析模型的外推能力，即模型在其他样地的使用情况。最后由表4-10分别给出Nelson法、Simard法和气象要素回归法外推时的总误差统计情况，即每类模型中的12个模型外推到其他11个样地后共产生132个误差的总体最小值、最大值、平均值、变异系数等。

4.3.4.1 Nelson法外推误差

Nelson法外推时最小MAE为0.005，出现在阴坡中坡位无遮阴样地数据使用阴坡中坡位半遮阴样地的模型的计算结果（D1行D2列）。MAE最大误差（表4-7）出现在阴坡中坡位林荫下样地数据代入阳坡下坡位无遮阴样地建立的模型后得到的1.055（D3行C1列）。MAE平均值为0.096，变异系数为2.220（表4-10）。MRE最小值为0.018，出现位置是阴坡中坡位无遮阴样地数据代入阴坡中坡位半遮阴样地的模型（D1行D2列），MRE最大值为1.719，出现位置是阳坡中坡位无遮阴样地数据代入阴坡中坡位林荫下样地（B1行D3列）模型后得到。MRE平均值为0.225，变异系数为1.233。

对于表4-7中给出的误差，其他样地的数据在使用阳坡上坡位林荫下样地（A3列）的模型计算时MAE误差平均值最小，达到0.045。而使用阴坡中坡位林荫下样地（D3列）的模型计算MAE误差结果平均值最大，达0.222。但变异系数极值出现位置与平均值不同，分别为阴坡中坡位林荫下样地（D3列）的0.083和阳坡下坡位半遮阴样地（C2列）的2.507。对于MRE，平均值、最小值、最大值分别为阳坡上坡位林荫下样地（A3列）的0.116和阴坡中坡位林荫下样地（D3列）的1.123。变异系数极值出现位置分别为阴坡中坡位林荫下样地（D3列）0.344和阳坡上坡位林荫下样地（A3列）0.936。

表4-7 白桦林Nelson法外推误差矩阵

Tab.4-7 Matrices of Nelson extrapolation errors in *Betula platyphylla*

误差	样地	A1	A2	A3	B1	B2	B3	C1	C2	C3	D1	D2	D3
MAE	A1	**0.011**	0.014	0.011	0.013	0.016	0.013	0.038	0.024	0.031	0.032	0.021	0.246
	A2	0.012	**0.010**	0.013	0.014	0.012	0.012	0.025	0.012	0.021	0.026	0.018	0.243
	A3	0.010	0.015	**0.010**	0.013	0.019	0.016	0.041	0.025	0.033	0.031	0.020	0.246
	B1	0.014	0.028	0.014	**0.014**	0.033	0.026	0.064	0.044	0.051	0.045	0.030	0.235
	B2	0.026	0.024	0.027	0.028	**0.025**	0.025	0.040	0.027	0.034	0.037	0.031	0.223
	B3	0.026	0.025	0.028	0.027	0.027	**0.026**	0.037	0.027	0.033	0.038	0.033	0.223
	C1	0.016	0.021	0.015	0.022	0.033	0.028	**0.010**	0.019	0.008	0.015	0.013	0.198
	C2	0.013	0.010	0.013	0.016	0.015	0.014	0.018	**0.007**	0.015	0.024	0.017	0.215
	C3	0.012	0.018	0.012	0.017	0.032	0.025	0.008	0.018	**0.007**	0.014	0.012	0.206
	D1	0.014	0.035	0.011	0.023	0.056	0.044	0.028	0.042	0.021	**0.004**	**0.005**	0.203
	D2	0.016	0.037	0.013	0.025	0.058	0.046	0.030	0.044	0.023	0.006	**0.006**	0.203
	D3	0.376	0.747	0.338	0.406	1.000	0.804	**1.055**	0.985	0.844	0.580	0.407	**0.258**
	平均值	**0.049**	**0.089**	**0.045**	**0.055**	**0.118**	**0.096**	**0.126**	**0.115**	**0.101**	**0.077**	**0.055**	**0.222**
	变异系数	**2.226**	**2.466**	**2.168**	**2.118**	**2.475**	**2.452**	**2.453**	**2.507**	**2.433**	**2.170**	**2.122**	**0.083**
	最大误差	**0.376**	**0.747**	**0.338**	**0.406**	**1.000**	**0.804**	**1.055**	**0.985**	**0.844**	**0.580**	**0.407**	**0.246**
	最小误差	**0.010**	**0.010**	**0.011**	**0.013**	**0.012**	**0.012**	**0.008**	**0.012**	**0.008**	**0.006**	**0.005**	**0.198**
MRE	A1	**0.054**	0.069	0.055	0.066	0.076	0.063	0.211	0.127	0.170	0.172	0.113	1.201
	A2	0.058	**0.048**	0.060	0.069	0.055	0.056	0.128	0.061	0.104	0.127	0.085	1.091
	A3	0.055	0.083	**0.055**	0.073	0.098	0.084	0.233	0.141	0.186	0.178	0.115	1.254
	B1	0.131	0.270	0.126	**0.121**	0.315	0.247	0.589	0.419	0.467	0.406	0.271	**1.719**
	B2	0.351	0.354	0.352	0.350	**0.355**	0.354	0.486	0.388	0.445	0.457	0.403	1.667
	B3	0.288	0.314	0.292	0.279	0.332	**0.311**	0.455	0.361	0.404	0.414	0.355	1.532

（续表）

误差	样地	A1	A2	A3	B1	B2	B3	C1	C2	C3	D1	D2	D3
MRE	C1	0.065	0.083	0.061	0.087	0.128	0.112	**0.039**	0.076	0.034	0.059	0.052	0.785
	C2	0.058	0.045	0.057	0.071	0.066	0.064	0.081	**0.032**	0.068	0.105	0.075	0.947
	C3	0.049	0.071	0.047	0.070	0.125	0.100	0.030	0.067	**0.027**	0.054	0.045	0.803
	D1	0.047	0.117	0.036	0.078	0.188	0.148	0.092	0.139	0.069	**0.015**	**0.018**	0.677
	D2	0.053	0.122	0.043	0.084	0.192	0.152	0.097	0.144	0.075	0.020	**0.021**	0.674
	D3	0.165	0.339	0.143	0.183	0.462	0.370	0.474	0.448	0.376	0.250	0.173	**0.149**
	平均值	**0.120**	**0.170**	**0.116**	**0.128**	**0.185**	**0.159**	**0.262**	**0.215**	**0.218**	**0.204**	**0.155**	**1.123**
	变异系数	**0.886**	**0.719**	**0.936**	**0.773**	**0.709**	**0.718**	**0.768**	**0.713**	**0.779**	**0.769**	**0.845**	**0.344**
	最大误差	**0.351**	**0.354**	**0.352**	**0.350**	**0.462**	**0.370**	**0.589**	**0.448**	**0.467**	**0.457**	**0.403**	**1.719**
	最小误差	**0.047**	**0.045**	**0.036**	**0.066**	**0.055**	**0.056**	**0.030**	**0.061**	**0.034**	**0.020**	**0.018**	**0.674**

注：A、B、C、D分别对应阳坡上坡位、中坡位、下坡位及阴坡中坡位。1、2、3代表无遮阴样地、半遮阴样地、林荫下样地。表中数据因四舍五入而出现同值，比较时按真实值进行比较

如果将外推MAE平均误差和原误差的差距不超过原误差的30%看作相近，则对于Nelson这种方法的12个模型中，只有1个模型的外推平均误差与原模型误差相近（阴坡中坡位林荫下样地D3），其余模型外推误差均高于原误差，没有外推误差低于原误差的模型。这表明Nelson法外推误差较原模型普遍有增大的趋势。

综合上述，Nelson法外推能力总体较为平稳，与坡位关系不大，郁闭度高的地区外推误差较小。对于阴坡中坡位的林荫下样地，外推误差的平均值达到最大，说明超高含水率样地的模型外推能力仍旧很差，但变异系数却是最小。

4.3.4.2 Simard法外推误差

Simard法外推过程中，从表4-8可见，最小、最大MAE分别在阴坡中坡位无遮阴样地数据代入阴坡中坡位半遮阴样地建立的模型后得到的0.007

（D1行D2列）和阴坡中坡位林荫下样地数据代入阳坡中坡位半遮阴样地建立的模型后得到的0.364（D3行B2列）。MAE平均值为0.039，变异系数为1.965（表4-10）。MRE极值分别为0.024和0.360，出现位置在同一模型下，是阴坡中坡位半遮阴样地（D2），但代入的数据分别为阴坡中坡位无遮阴样地（D1）和阳坡中坡位半遮阴样地（B2）。MRE平均值为0.112，变异系数为0.875（表4-10）。

从平均值和变异系数可以看出，使用Simard法时，无论哪个样地数据用在哪个模型中，MAE相差较细微，这与落叶松林情况相似。平均值最大的模型为阳坡中坡位的半遮阴样地建立的模型（B2列），达到0.051。除了阳坡中坡位3个样地外，其余样地平均值多接近0.039。MAE变异系数极值分别为阴坡中坡位林荫下样地（D3列）的0.402和阳坡中坡位半遮阴样地（B2列）的2.036。对于MRE，外推误差平均值的极值分别为阳坡中坡位半遮阴样地（B2列）的0.110和阳坡中坡位无遮阴样地（B1列）的0.116。MRE变异系数最小为阳坡中坡位半遮阴样地（B2列）的0.566，最大值为阳坡上坡位林荫下样地（A3）的0.976。

依然将外推MAE平均误差和原误差的差距不超过原误差的30%看作相近，则对于Simard这种方法的12个模型中，还是有1个模型的外推平均误差低于原模型误差（阴坡中坡位林荫下样地D3），其余模型外推误差均高于原误差，没有外推误差等于原误差的模型。这表明Simard法外推误差较原模型普遍有增大的趋势。

综合上述，Simard法外推能力总体较理想，同样是较低坡位外推误差会增加。

表4-8　白桦林Simard法外推误差矩阵

Tab.4-8　Matrices of Simard extrapolation errors in *Betula platyphylla*

误差	样地	A1	A2	A3	B1	B2	B3	C1	C2	C3	D1	D2	D3
MAE	A1	**0.012**	0.012	0.012	0.013	0.015	0.015	0.012	0.012	0.012	0.011	0.011	0.012
	A2	0.014	**0.014**	0.014	0.015	0.016	0.016	0.014	0.014	0.014	0.014	0.013	0.014
	A3	0.011	0.011	**0.010**	0.013	0.016	0.016	0.011	0.012	0.010	0.010	0.010	0.011
	B1	0.014	0.014	0.014	**0.015**	0.016	0.015	0.014	0.014	0.014	0.014	0.014	0.014
	B2	0.028	0.028	0.028	0.029	**0.031**	0.030	0.028	0.028	0.028	0.028	0.028	0.028
	B3	0.029	0.028	0.029	0.028	0.029	**0.028**	0.028	0.028	0.029	0.029	0.030	0.028
	C1	0.016	0.016	0.016	0.018	0.022	0.022	**0.016**	0.017	0.016	0.015	0.015	0.017

（续表）

误差	样地	A1	A2	A3	B1	B2	B3	C1	C2	C3	D1	D2	D3
MAE	C2	0.015	0.015	0.015	0.015	0.017	0.017	0.015	**0.015**	0.015	0.015	0.015	0.015
	C3	0.013	0.013	0.013	0.014	0.018	0.018	0.013	0.013	**0.013**	0.012	0.013	0.013
	D1	0.008	0.009	0.008	0.014	0.023	0.021	0.009	0.011	0.008	**0.007**	**0.007**	0.010
	D2	0.010	0.010	0.009	0.017	0.025	0.024	0.011	0.013	0.010	0.008	**0.007**	0.012
	D3	0.270	0.275	0.267	0.318	**0.364**	0.358	0.279	0.294	0.269	0.252	0.246	**0.289**
	平均值	**0.039**	**0.039**	**0.038**	**0.045**	**0.051**	**0.050**	**0.039**	**0.041**	**0.038**	**0.037**	**0.037**	**0.016**
	变异系数	**1.993**	**2.010**	**1.981**	**2.022**	**2.036**	**2.036**	**2.027**	**2.028**	**1.995**	**1.928**	**1.911**	**0.402**
	最大误差	**0.270**	**0.275**	**0.267**	**0.318**	**0.364**	**0.358**	**0.279**	**0.294**	**0.269**	**0.252**	**0.246**	**0.028**
	最小误差	**0.008**	**0.009**	**0.008**	**0.013**	**0.015**	**0.015**	**0.009**	**0.011**	**0.008**	**0.008**	**0.007**	**0.010**
MRE	A1	**0.059**	0.060	0.059	0.066	0.076	0.075	0.060	0.062	0.059	0.058	0.058	0.061
	A2	0.064	**0.064**	0.064	0.069	0.078	0.076	0.065	0.066	0.064	0.064	0.063	0.065
	A3	0.060	0.061	**0.060**	0.072	0.085	0.084	0.062	0.065	0.060	0.058	0.058	0.064
	B1	0.122	0.122	0.122	**0.124**	0.129	0.128	0.122	0.123	0.122	0.123	0.124	0.123
	B2	0.356	0.355	0.356	0.352	**0.354**	0.354	0.355	0.353	0.356	0.358	**0.360**	0.354
	B3	0.287	0.286	0.288	0.278	0.277	**0.277**	0.285	0.282	0.288	0.292	0.296	0.283
	C1	0.062	0.063	0.062	0.074	0.091	0.089	**0.064**	0.068	0.062	0.061	0.060	0.066
	C2	0.063	0.064	0.063	0.067	0.077	0.076	0.064	**0.065**	0.063	0.063	0.064	0.064
	C3	0.050	0.050	0.050	0.057	0.074	0.071	0.051	0.052	**0.050**	0.048	0.048	0.052
	D1	0.028	0.029	0.027	0.049	0.076	0.072	0.030	0.036	0.027	**0.024**	**0.024**	0.034
	D2	0.032	0.034	0.031	0.056	0.082	0.078	0.035	0.042	0.032	0.027	**0.024**	0.040
	D3	0.106	0.108	0.104	0.134	0.161	0.157	0.111	0.120	0.105	0.094	0.090	**0.117**
	平均值	**0.112**	**0.112**	**0.111**	**0.116**	**0.110**	**0.115**	**0.113**	**0.115**	**0.113**	**0.113**	**0.113**	**0.110**
	变异系数	**0.967**	**0.963**	**0.976**	**0.884**	**0.566**	**0.733**	**0.951**	**0.909**	**0.960**	**0.959**	**0.973**	**0.974**
	最大误差	**0.356**	**0.355**	**0.356**	**0.352**	**0.277**	**0.354**	**0.355**	**0.353**	**0.356**	**0.358**	**0.360**	**0.354**
	最小误差	**0.028**	**0.029**	**0.027**	**0.049**	**0.074**	**0.071**	**0.030**	**0.036**	**0.027**	**0.027**	**0.024**	**0.034**

注：A、B、C、D分别对应阳坡上坡位、中坡位、下坡位及阴坡中坡位。1、2、3代表无遮阴样地、半遮阴样地、林荫下样地。表中数据因四舍五入而出现同值，比较时按真实值进行比较

4.3.4.3 气象要素回归法外推误差

气象要素回归法外推过程中，从表4-9可见，最小MAE出现在阳坡下坡位林荫下样地数据代入阳坡下坡位无遮阴样地建立的模型后得到的0.008（C3行C1列），最大值出现在阴坡中坡位林荫下样地代入阳坡中坡位无遮阴样地产生的1.803（D3行B1列）。MAE平均值为0.284，变异系数为1.828（表4-10）。MRE最小值为0.032，出现位置依然同MAE最大值位置（C3行C1列），MRE最大值为8.441，出现在阴坡中坡位林荫下样地的数据代入阳坡中坡位无遮阴样地的模型（B1行D3列）。MRE平均值为0.803，变异系数为1.824（表4-10）。

表4-9 白桦林气象要素回归法外推误差矩阵

Tab.4-9 Matrices of meteorological elements regression extrapolation errors in *Betula platyphylla*

误差	样地	A1	A2	A3	B1	B2	B3	C1	C2	C3	D1	D2	D3
MAE	A1	**0.024**	0.032	0.026	0.048	0.030	0.028	0.076	0.051	0.075	0.105	0.101	1.283
	A2	0.018	**0.015**	0.022	0.061	0.022	0.019	0.058	0.029	0.056	0.090	0.085	1.264
	A3	0.029	0.035	**0.028**	0.046	0.035	0.032	0.081	0.056	0.080	0.110	0.105	1.281
	B1	0.054	0.066	0.052	**0.029**	0.057	0.059	0.119	0.090	0.116	0.151	0.148	1.177
	B2	0.031	0.029	0.035	0.058	**0.028**	0.035	0.072	0.045	0.070	0.104	0.100	1.122
	B3	0.037	0.035	0.041	0.065	0.041	**0.033**	0.072	0.044	0.069	0.105	0.102	1.141
	C1	0.082	0.063	0.088	0.080	0.038	0.088	**0.010**	0.030	0.010	0.046	0.052	0.699
	C2	0.053	0.033	0.061	0.055	0.021	0.055	0.030	**0.007**	0.029	0.078	0.082	0.736
	C3	0.082	0.062	0.090	0.084	0.041	0.083	**0.008**	0.029	**0.007**	0.049	0.052	0.717
	D1	0.119	0.103	0.127	0.124	0.082	0.128	0.044	0.073	0.044	**0.010**	0.013	0.831
	D2	0.118	0.103	0.125	0.127	0.085	0.129	0.045	0.075	0.046	0.013	**0.014**	0.912
	D3	1.767	1.758	1.784	**1.803**	1.748	1.776	1.711	1.734	1.704	1.681	1.680	**0.684**
	平均值	**0.217**	**0.211**	**0.223**	**0.232**	**0.200**	**0.221**	**0.210**	**0.205**	**0.209**	**0.230**	**0.229**	**1.015**
	变异系数	**2.371**	**2.437**	**2.330**	**2.250**	**2.570**	**2.339**	**2.368**	**2.475**	**2.374**	**2.096**	**2.105**	**0.235**
	最大误差	**1.767**	**1.758**	**1.784**	**1.803**	**1.748**	**1.776**	**1.711**	**1.734**	**1.704**	**1.681**	**1.680**	**1.283**
	最小误差	**0.018**	**0.029**	**0.022**	**0.046**	**0.021**	**0.019**	**0.008**	**0.029**	**0.010**	**0.013**	**0.013**	**0.699**

（续表）

误差	样地	A1	A2	A3	B1	B2	B3	C1	C2	C3	D1	D2	D3
MRE	A1	**0.115**	0.161	0.122	0.216	0.140	0.137	0.423	0.277	0.412	0.588	0.566	6.186
	A2	0.081	**0.071**	0.098	0.278	0.102	0.090	0.287	0.146	0.275	0.446	0.425	5.634
	A3	0.144	0.186	**0.137**	0.211	0.175	0.164	0.461	0.310	0.452	0.628	0.605	6.417
	B1	0.501	0.613	0.496	**0.269**	0.533	0.543	1.066	0.818	1.035	1.331	1.307	**8.441**
	B2	0.392	0.399	0.401	0.460	**0.396**	0.394	0.709	0.524	0.694	0.914	0.898	7.579
	B3	0.411	0.430	0.423	0.470	0.447	**0.386**	0.726	0.528	0.701	0.946	0.931	7.279
	C1	0.326	0.251	0.352	0.313	0.147	0.355	**0.038**	0.119	0.040	0.191	0.215	2.726
	C2	0.237	0.148	0.272	0.234	0.091	0.249	0.135	**0.030**	0.132	0.354	0.373	3.194
	C3	0.325	0.246	0.355	0.323	0.154	0.334	**0.032**	0.114	**0.028**	0.196	0.213	2.765
	D1	0.399	0.344	0.424	0.413	0.271	0.430	0.145	0.245	0.148	**0.035**	0.045	2.775
	D2	0.389	0.340	0.412	0.421	0.279	0.425	0.146	0.246	0.151	0.042	**0.046**	3.049
	D3	0.825	0.812	0.835	0.843	0.801	0.828	0.764	0.787	0.762	0.731	0.729	**0.564**
	平均值	**0.366**	**0.357**	**0.381**	**0.380**	**0.285**	**0.359**	**0.445**	**0.374**	**0.436**	**0.579**	**0.573**	**5.095**
	变异系数	**0.535**	**0.570**	**0.515**	**0.476**	**0.779**	**0.582**	**0.748**	**0.679**	**0.740**	**0.667**	**0.652**	**0.437**
	最大误差	**0.825**	**0.812**	**0.835**	**0.843**	**0.801**	**0.828**	**1.066**	**0.818**	**1.035**	**1.331**	**1.307**	**8.441**
	最小误差	**0.081**	**0.148**	**0.098**	**0.211**	**0.091**	**0.090**	**0.032**	**0.114**	**0.040**	**0.042**	**0.045**	**2.726**

注：A、B、C、D分别对应阳坡上坡位、中坡位、下坡位及阴坡中坡位。1、2、3代表无遮阴样地、半遮阴样地、林荫下样地。表中数据因四舍五入而出现同值，比较时按真实值进行比较

使用气象要素回归法时，对于表4-9中的平均值和变异系数，MAE平均值最小的为阳坡中坡位半遮阴样地（B2列），达到0.200，最大值为阴坡中坡位林荫下样地（D3列）的1.015。MAE变异系数极值分别为阴坡中坡位林荫下样地（D3列）的0.235和阳坡中坡位半遮阴样地（B2列）的2.570。对于MRE，外推误差平均值的极值分别为阳坡中坡位半遮阴样地（B2列）的0.285和阴坡中坡位林荫下样地（D3列）的5.095。变异系数最小为阴坡中坡位林荫下样地（D3列）的0.437，最大值为阳坡中坡位半遮阴样地（B2列）的0.779。

依然将外推MAE平均误差和原误差的差距不超过原误差的30%看作相近，则对于气象要素回归这种方法的12个模型中，和落叶松林一样，所有模型的外推平均误差均高于原模型误差，这表明白桦林的气象要素回归法也都不适用于外推计算。

4.3.4.4 3种模型整体外推误差比较

对于3种模型外推整体误差的统计数据，表4-10给出了MAE外推效果最好的还是Simard法，其次是Nelson法，最差的是气象要素回归法，这与前面的结果相吻合。MAE的平均值上，Nelson法误差平均值是Simard法的3倍，而气象要素回归法的误差平均值约是Simard法的9倍，变异系数上，3种模型呈递减趋势，间隔约为0.2。整个外推误差中，最大误差值和最小误差的最大值均出现在气象要素回归法中，可见气象要素回归法的精度和稳定性依然不如前两种模型。可能是受样地可燃物总体含水率剧烈变化和阴坡中坡位样地的对照数据影响，白桦林的总体外推误差要高于落叶松林，但各个模型的精度比例类似于落叶松林，说明样地的变化对3种模型之间的预测效果好坏没有排序上的影响。

对于MRE，总体结果依然类似于MAE，可以得出相同结论。

表4-10 白桦林3种模型外推误差矩阵数据统计

Tab.4-10 Matrices statistics of three extrapolation errors in *Betula platyphylla*

误差	模型	平均值	变异系数	最大误差	最小误差
MAE	Nelson	0.096	2.110	1.055	0.005
	Simard	0.039	1.962	0.364	0.007
	气象要素回归	0.284	1.828	1.803	0.008
MRE	Nelson	0.255	1.233	1.719	0.018
	Simard	0.113	0.871	0.360	0.024
	气象要素回归	0.803	1.821	8.441	0.032

4.3.5 白桦林模型预测结果讨论

地表实测可燃物含水率随气象数据呈现有规律的变化。当发生降雨时，可燃物含水率随相对湿度立刻升高，而后渐渐趋于平稳。不同坡位与坡向对含水率影响较大。甚至阴坡样地数据全部高于燃烧标准（35%含水率）。含水率变化剧烈的阳坡中坡位处含水率预测误差明显高于其他坡位样地。林型的不同郁闭度对地表细小可燃物的含水率影响仍然很大。

对于Nelson法，含水率预测误差相对较小但不足够稳定，总体上，受气象因素影响，含水率变化剧烈的样地误差大于变化较小的样地。Nelson法在使用阳坡上坡位林荫下样地数据建立的模型外推结果最好。在各种不同坡向坡位下外推能力有差异，尤其是郁闭度影响较大，多以半遮阴样地外推精度较低。阳坡中坡位水分变化较剧烈，但对Nelson法的外推误差影响不大，故同样推测出Nelson法适用水分变化较小且常年半湿润的林型。

Simard法含水率预测能力在白桦林中总体趋于平稳，阴坡中坡位和阳坡下坡位样地预测误差最小，其次是阳坡上坡位样地，最差为阳坡中坡位样地。对于模型外推能力，Simard法则有效果相似的多个样地外推模型可选，但阳坡中坡位的外推能力依然较差。综合来看，阳坡上坡位的Simard法外推效果较好，MAE和MRE均能达到最小，总体表现为稳定，适用于多种样地。但同样在水分变化较小的林型下外推能力表现最优。Simard法自身误差较小，且外推误差矩阵误差总体较小，最具外推能力，效果比Nelson法稍好。

气象要素回归法预测误差依然总体偏大，尤其是在高坡位林荫下样地中，误差甚至能达到其他方法的2倍。而同样在低坡位样地中误差较小，部分情况下误差甚至低于Simard法。气象要素回归法不但自身误差大，其外推误差也远大于自身误差，难以找到规律，且对含水率变化较大的林型误差尤大。所以得出的结论依然是针对不同立地条件建立该类型模型，必须建立针对林型的模型，尤其是微地形变化下的不同模型。再次验证了Wotton等的结论。

4.4　樟子松林含水率预测结果分析

4.4.1　樟子松林地表气象要素动态变化情况

从樟子松林样地开始，之后的杨桦混交林、红皮云杉林和采伐迹地均只对单一坡位进行采样分析。预测误差及外推分析则单独对这4处样地进行统一对照，分析时将这4块样地结合在一起，按照之前的落叶松林和白桦林的模式进行分析。

樟子松林地表气象要素动态变化情况，图4-9中气象要素变化与落叶松林和白桦林阳坡上坡位类似，描述的是樟子松林阳坡上坡位样地的空气温度与相对湿度实测值变化曲线。采样次序与含水率测序保持一致，为10：00—17：00的日间变化情况。在观测第5日（采样次序32处）遇到降雨，日降水量约6mm。

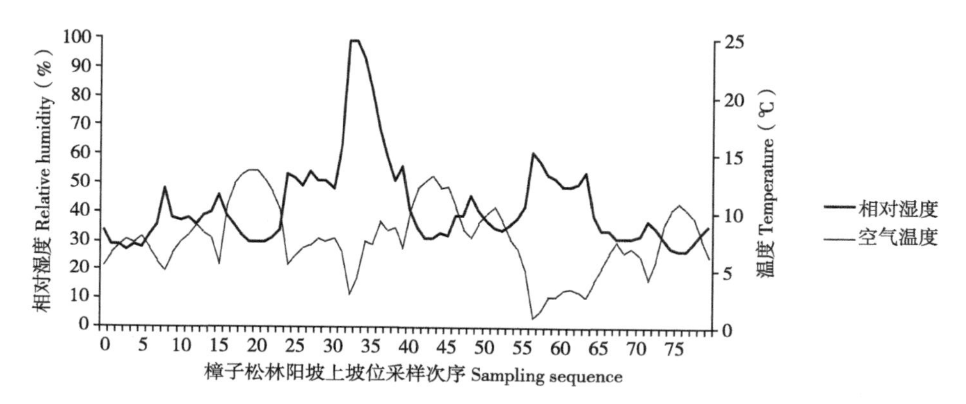

图4-9 樟子松林实测气象要素动态变化

Fig.4-9 Dynamics of measured meteorological elements in *Pinus sylvestris* var. *Mongolica*

由数据可知，樟子松林气象数据变化与落叶松林相似。温度差异范围是0.9～13.7℃，平均值为7.7℃，略低于落叶松和白桦林；湿度差异范围是0.27～0.99，平均值为0.42。由图4-9可见，温湿度均呈现周期性变化，升降趋势相反。降雨时段（采样次序32处）相对湿度出现极值，但温度未同时达到极值，而是在采样次序56处出现最低值。

4.4.2 樟子松林地表实测可燃物含水率动态变化情况

樟子松林地表实测可燃物含水率动态变化情况如图4-10所示。图4-10中含水率折线为10：00—17：00的日间变化情况。开始部分和降雨后含水率变化趋势较为凌乱。当相对湿度高于一定程度且温度较低时，含水率明显高于其他情况，而同样高于35%的含水率因其没有研究价值，在图4-10中以缺失数据的断线显示。

总体来看，该样地含水率变化范围相对较广，降雨前后两个阶段相差较大。含水率变化则很有规律，但降雨之后陡升陡降。

不同郁闭度下，降雨前，无遮阴样地含水率偶尔高于林荫下样地，而半遮阴样地含水率始终保持最低。降雨后林荫下样地含水率高于其他两处样地，半遮阴样地仍然保持最低的含水率，说明樟子松林下半遮阴样地常保持稳态。无遮阴样地含水率变化范围是11.1%~32.5%，平均值为16.7%；半遮阴样地含水率变化范围是9.1%~27.5%，平均值为14.7%；林荫下样地含水率变化范围是7.9%~34.1%，平均值为17.9%。接近落叶松林高坡位样地的含水率变化范围。可以看出，地表细小可燃物含水率具有较强的异质性，与郁闭度等众多因素密切相关，进而与局部接收的太阳辐射量和地下水分有关。

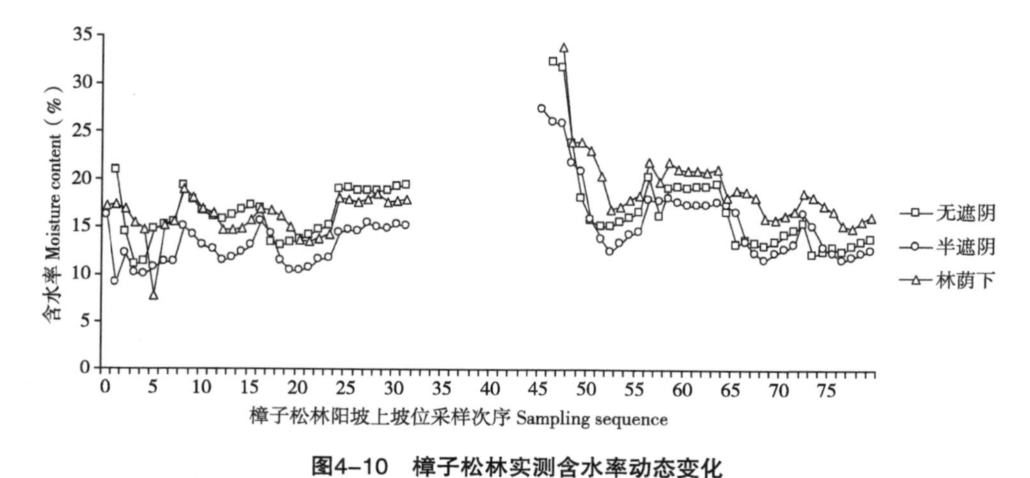

图4-10 樟子松林实测含水率动态变化

Fig.4-10 Dynamics of fuel moisture contents in *Pinus sylvestris* var. *Mongolica*

4.4.3 樟子松林以时为步长含水率预测模型

4.4.3.1 模型估计参数

表4-11给出了樟子松林下3种以时为步长模型的不同样地估计参数。与落叶松林阳坡上坡位样地类似，在3个样地中Nelson法的参数β值作为公式的斜率，直接反映平衡含水率对温湿度的敏感性，斜率绝对值越小说明样品的持水能力越强。由此可得，樟子松林在郁闭度较低的样地下可燃物持水能力要强于郁闭度较高的样地。不同样地的可燃物的时滞（τ）变化不大，在3~4变化。R^2则代表了预测结果的拟合程度，所有样地均能达到0.9的精度，效果与落叶松林相似。

由Simard法估计的可燃物时滞变化较Nelson法大。随着郁闭度增加，时滞呈增大趋势，林荫下样地可燃物的时滞最大，达到了18h。R^2接近0.8，较Nelson法精度有所下降，但能保持稳定。

同样，气象要素回归法的$b0\sim b4$参数本身无意义，这里不做描述。单从R^2可以看出，气象要素回归法结果不够好，结果不显著。

表4-11 樟子松林3种模型的估计参数

Tab.4-11 Estimated parameters from three models in *Pinus sylvestris* var. *Mongolica*

模型	参数	阳坡上坡位		
		无遮阴	半遮阴	林荫下
Nelson	λ	0.872	0.878	0.889
	α	0.400	0.589	0.555
	β	−0.052	−0.096	−0.082
	τ	3.650	3.849	4.250
	R^2	0.902	0.922	0.905
Simard	λ	0.956	0.942	0.973
	τ	11.176	8.433	18.385
	R^2	0.844	0.890	0.860
气象回归	$b0$	−0.627	−0.426	0.344
	$b1$	−0.011	−0.002	−0.006
	$b2$	−0.037	−0.023	−0.174
	$b3$	0.013	0.003	0.006
	$b4$	0.334	0.250	0.350
	R^2	0.382	0.254	0.323

4.4.3.2 模型预测误差对比

图4−11给出了3种可燃物含水率预测模型的交叉验证误差结果。从总体来看，3种模型的误差有一定差异。对于不同郁闭度的样地，半遮阴样地Nelson法预测效果最好，无遮阴样地的情况与半遮阴样地情况相似，气象要素回归法误差变化较大。

对于3种模型，无论是MAE、MRE还是RMSE，Nelson法预测误差较小且稳定，总体看半遮阴样地预测效果最好。Simard法情况与Nelson法相近，在林荫下样地预测结果相对更精确，其次是半遮阴样地和无遮阴样地。气象要素回归法预测误差总体偏大，可达到其他方法的2倍，所以气象要素回归法预测效果总体上依然最差。

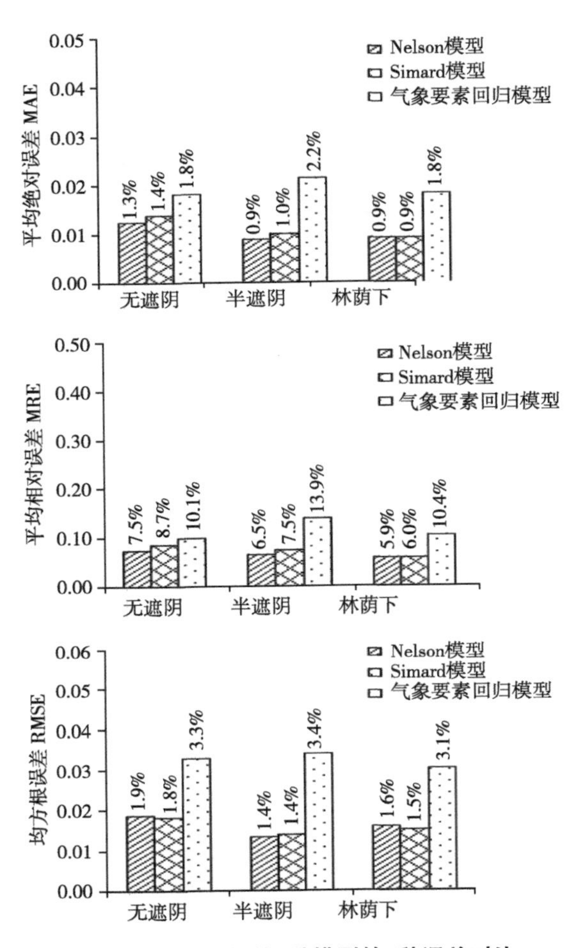

图4-11　樟子松林3种模型的3种误差对比

Fig.4-11　Comparison of three errors in the three models in *Pinus sylvestris* var. *Mongolica*

4.4.3.3　含水率预测值与实测值对比

图4-12给出了预测和实测可燃物含水率的对比图。由图4-12可见降雨对含水率变化影响很大。无遮阴样地预测值与实测值均很规整，折线不凌乱，效果较好。含水率折线主要在10%~20%的范围内变化。半遮阴和林荫下样地中，最开始部分含水率变化较凌乱，实测值与预测值之间存在交叉，含水率折线同样在10%~20%变化。从图4-12上看出，3个样地含水率变化趋势几乎一致，林荫下样地含水率总体高于前两个样地5%。

从3种不同模型来看，对于不同立地条件样地下的可燃物，Nelson法和Simard法都能准确预测可燃物含水率的变化趋势，气象要素回归法偏差稍大。Nelson法的含水率预测曲线在大多情况下能够跟随实测值变化。Nelson法在含水率陡然变化时折线难以和实测值折线贴合。Simard法对不同样地的可燃物含水率预测结果也较为接近实测值，但变化略大于Nelson法的预测结果，在含水率升降过程中会和实测值有一定的偏差。实测含水率下降过程中，Simard法预测结果偏高，而实测含水率上升过程中则正好相反。气象要素回归法对不同样地的含水率预测结果变化则显得较差，不随含水率大幅度变化而剧烈变化。尤其是在降雨初期，气象要素回归法无法迅速反映出含水率的骤升变化，但这与气象要素回归法是统计模型的特点相吻合。

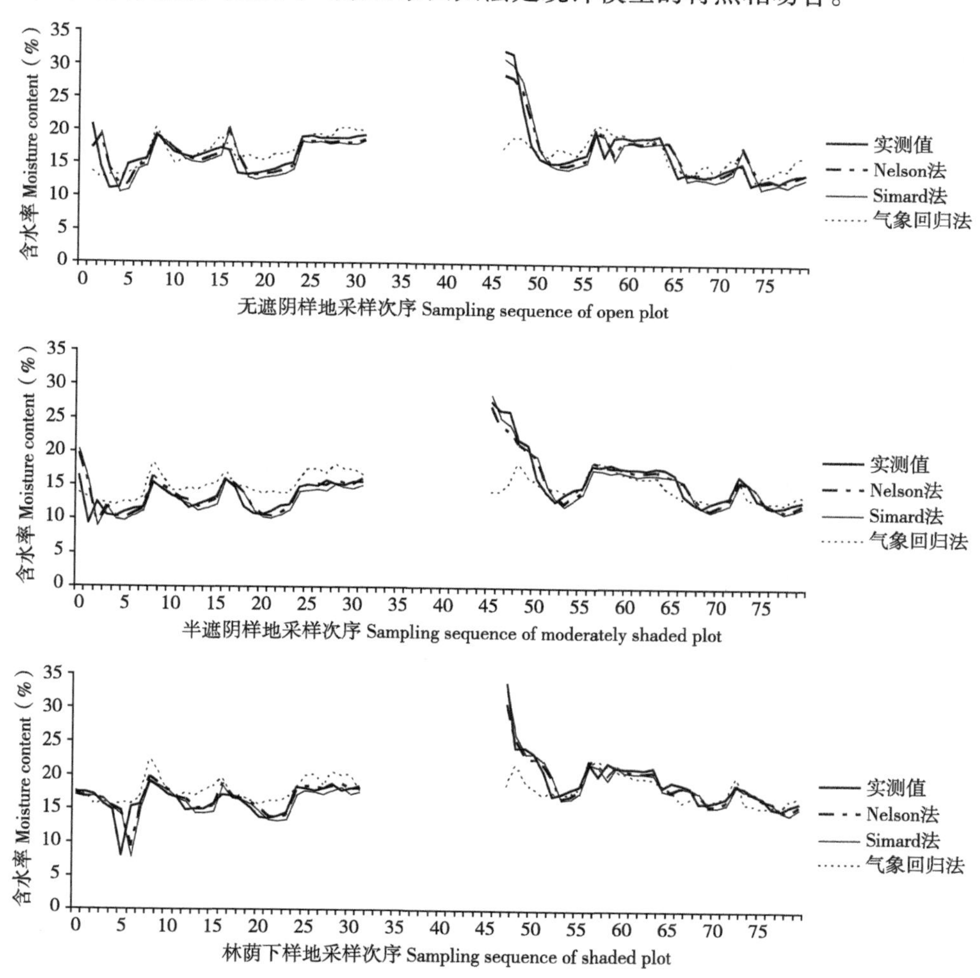

图4-12 樟子松林不同样地实测值与3种模型预测值对照

Fig.4-12 Comparison of measured and predictive value in different plots in *Pinus sylvestris* var. *Mongolica*

4.4.4 樟子松林模型预测结果讨论

地表实测可燃物含水率随气象数据呈现有规律的变化。当发生降雨时，可燃物含水率随相对湿度能够立刻升高，而后逐渐降低趋于稳态。林型的不同郁闭度对地表细小可燃物的含水率影响仍然很大，总体上半遮阴样地预测精度最高。

对于Nelson法，含水率预测误差相对较小且足够稳定，在大多情况下能够跟随实测值变化，且最为接近实测值。Nelson法在含水率陡然变化时折线难以和实测值折线贴合。Simard法含水率预测能力在樟子松林中总体趋于平稳，预测结果与Nelson法相接近，但变化略大于Nelson法的预测结果，在含水率升降过程中会和实测值有一定的偏差，结果滞后于含水率变化。气象要素回归法预测误差依然总体偏大，难以随含水率大幅度变化而剧烈变化。尤其是在降雨初期，气象要素回归法无法迅速反映出含水率的骤升变化。

4.5 杨桦林含水率预测结果分析

4.5.1 杨桦林地表气象要素动态变化情况

图4-13中气象要素变化范围极大，展示的是杨桦林阳坡中坡位样地的空气温度与相对湿度实测值变化曲线。采样次序与含水率测序保持一致，为10：00—17：00的日间变化情况。在观测第5日（采样次序32处）遇到降雨，日降水量约7mm。在降雨后甚至出现了负值温度，说明夜间水分发生过冻结。

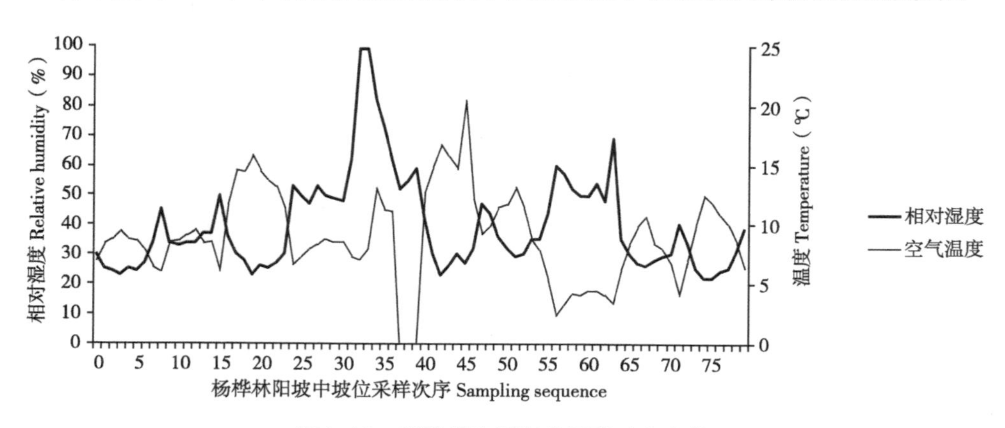

图4-13 杨桦林实测气象要素动态变化

Fig.4-13 Dynamics of measured meteorological elements in *Populus davidiana*

由数据可知，杨桦林气象数据变化范围较大。温度差异范围是-1.5 ~ 20.5℃，平均值为9.0℃，略高于落叶松林和白桦林；湿度差异范围是0.22 ~ 0.99，平均值为0.40，略低于落叶松林和白桦林。由图4-13可见，温湿度无法呈现规则的周期性变化，变化范围较大，升降趋势不完全一致，在降雨前出现过同时升高的情况。降雨时段（采样次序32处）相对湿度出现极值，但空气温度未同时达到极值，而是在采样次序36处出现最低值，在采样次序45处出现最高值。

4.5.2 杨桦林地表实测可燃物含水率动态变化情况

图4-14中含水率折线为10：00—17：00的日间变化情况。整个图像含水率变化趋势较为凌乱。高于35%的含水率因其没有研究价值，在图4-14中以缺失数据的断线显示。

总体来看，该样地含水率变化范围几乎涵盖整个0 ~ 35%区间，降雨前后对含水率变化影响不大。前半段时期折线非常凌乱，3种不同郁闭度的样地含水率曲线存在交叉，降雨后林荫下样地含水率下降缓慢，后期趋于规律性变化。

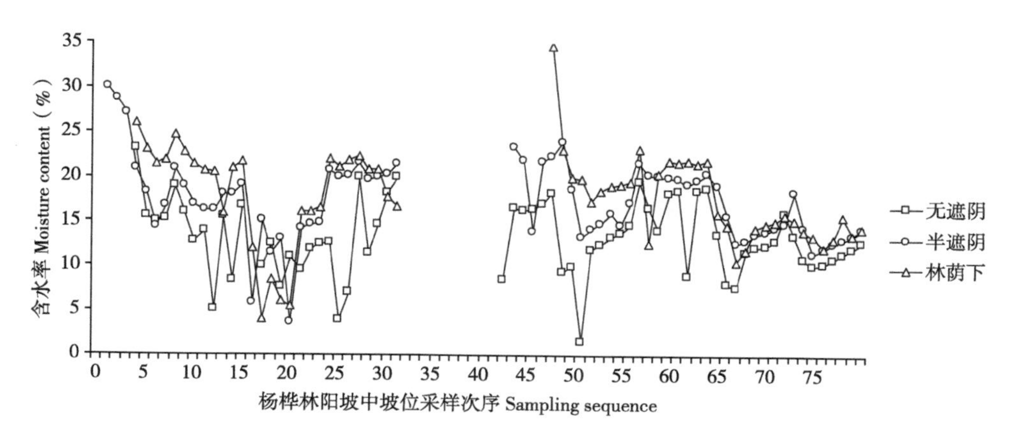

图4-14 杨桦林实测含水率动态变化

Fig.4-14 Dynamics of fuel moisture contents in *Populus davidiana*

不同郁闭度下，降雨前，林荫下样地含水率普遍高于其他样地，而无遮阴样地含水率始终保持最低。降雨后，林荫下样地含水率普遍高于其他两处样地，无遮阴样地仍然保持最低的含水率，说明杨桦林下地表含水率易受天气影响，升高快，干燥慢。无遮阴样地含水率变化范围是1.7% ~ 23.2%，平均值为13.3%；半遮阴样地含水率变化范围是3.7%～30.1%，平均值为17.5%；林荫下样地含水率变化范围是4.1%～34.8%，平均值为18.0%。可以看出，虽然地表细小可燃物含水率变化幅度较大，但平均值与其他林型相近，无遮阴样地低于其他林型，林荫下样地略高于其他样地，说明杨桦林持水能力有限，地表易受气象要素干扰而发生大幅度变化。

4.5.3 杨桦林以时为步长含水率预测模型

4.5.3.1 模型估计参数

表4-12给出了杨桦林下3种以时为步长模型的不同样地估计参数。与其他样地类似，在3个样地中Nelson法的参数β值作为公式的斜率，直接反映平衡含水率对温湿度的敏感性，斜率绝对值越小说明样品的持水能力越强。由此可得，杨桦林在郁闭度较低的样地下可燃物持水能力要强于其他郁闭度的样地。不同样地的可燃物的时滞（τ）变化较大，从0.5～2.6变化达2h。R^2则代表了预测结果的拟合程度，所有样地均能达到0.9的精度，说明模型可用。

表4-12　杨桦林3种模型的估计参数

Tab.4-12　Estimated parameters from three models in *Populus davidiana*

模型	参数	阳坡中坡位		
		无遮阴	半遮阴	林荫下
Nelson	λ	0.409	0.768	0.829
	α	0.345	0.516	0.414
	β	−0.044	−0.072	−0.052
	τ	0.560	1.897	2.672
	R^2	0.967	0.892	0.890
Simard	λ	0.783	0.930	0.941
	τ	2.042	6.912	8.209
	R^2	0.841	0.772	0.804
气象回归	$b0$	0.117	0.346	1.540
	$b1$	0.000	−0.002	−0.013
	$b2$	0.298	0.073	0.035
	$b3$	0.000	0.001	0.008
	$b4$	−0.194	0.076	0.105
	R^2	0.200	0.174	0.315

由Simard法估计的可燃物时滞变化仍然较Nelson法大。随着郁闭度增加，时滞呈增大趋势，林荫下样地可燃物的时滞最大，达到了8h。R^2接近0.8，较Nelson法精度有所下降，但仍在可接受范围内。同样，气象要素回归法的$b0 \sim b4$参数本身无意义，这里不做描述。单从R^2可以看出，气象要素回归法结果依然最差，结果不显著。

4.5.3.2　模型预测误差对比

图4-15给出了3种可燃物含水率预测模型的交叉验证误差结果。从总体来看，3种模型的误差具有规律性。对于不同郁闭度的样地，半遮阴样地Nelson法预测效果最好，林荫下样地的情况与半遮阴样地情况相仿。无遮阴样地误差最大，甚至MRE超出了所有样地的误差水平。

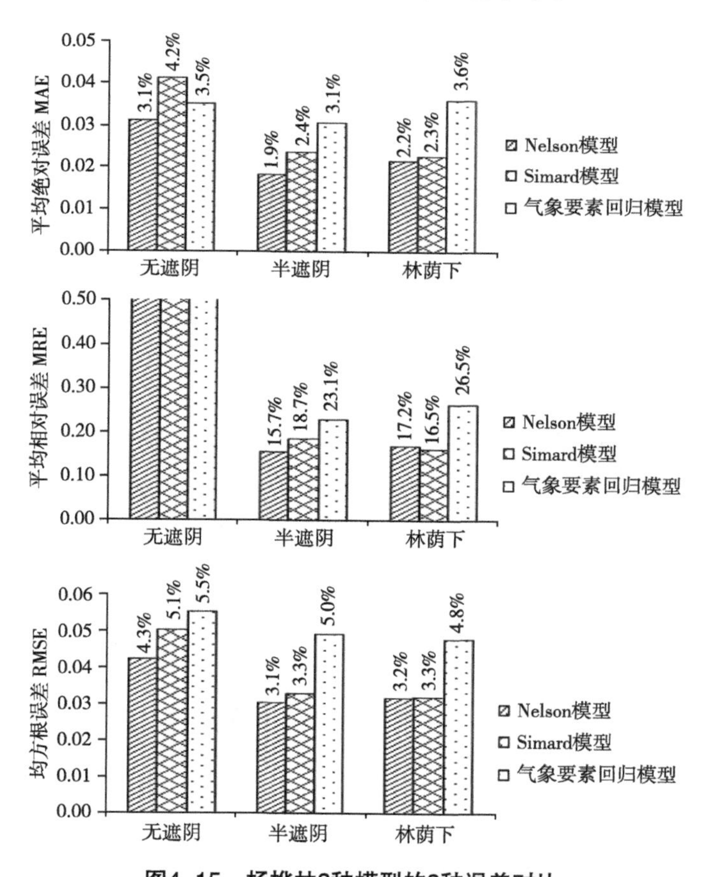

图4-15　杨桦林3种模型的3种误差对比

Fig.4-15　Comparison of three errors in the three models in *Populus davidiana*

对于3种模型，无论是MAE、MRE还是RMSE，Nelson法预测误差较小且稳定，总体看半遮阴样地预测效果最好。Simard法情况与Nelson法相近，在林荫下样地预测结果相对更精确，其次是半遮阴样地和无遮阴样地。气象要素回归法预测误差较大。所以气象要素回归法预测效果总体上依然最差。MRE在无遮阴样地下超出了所有样地的范围，说明误差变化相对较大。

4.5.3.3 含水率预测值与实测值对比

图4-16给出了预测和实测可燃物含水率的对比图。由图4-16可见降雨对含水率变化影响很微弱。无遮阴样地预测值与实测值差距不小，折线较凌乱。含水率折线主要在5%～20%的范围内变化。半遮阴和林荫下样地中，相对于无遮阴样地效果好，含水率折线在5%～25%变化，变化趋势几乎一致。

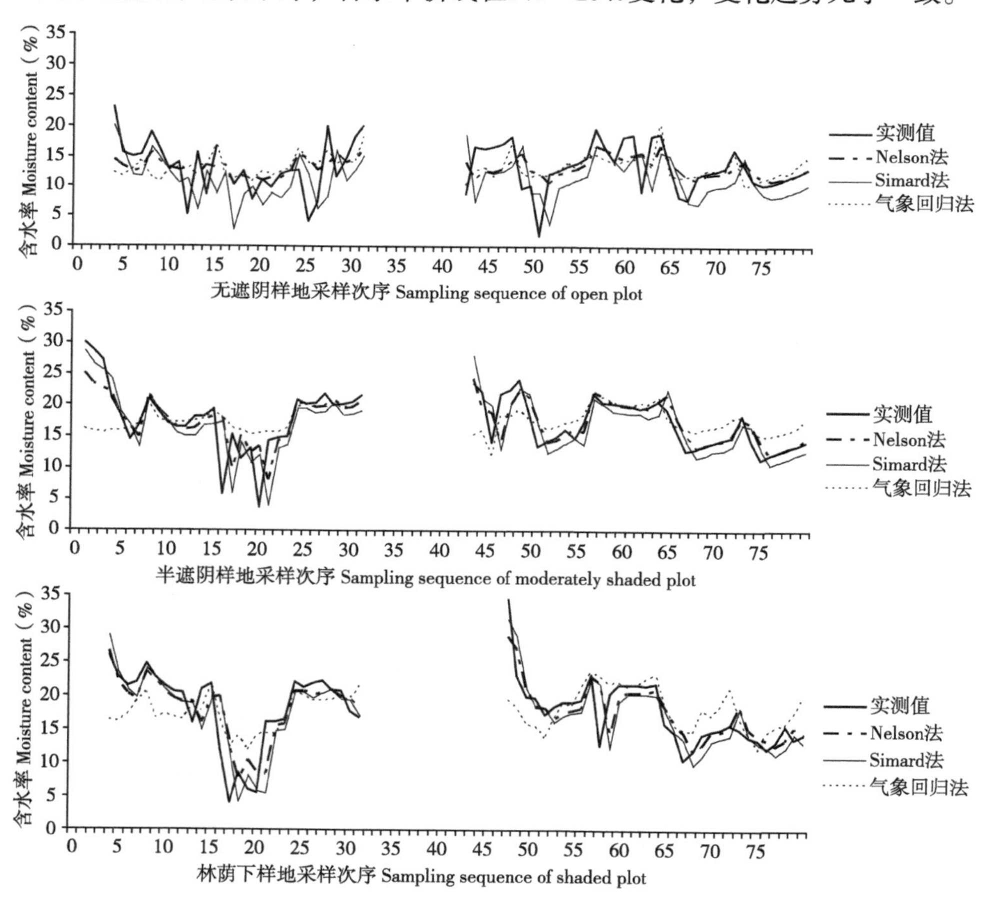

图4-16 杨桦林不同样地实测值与3种模型预测值对照

Fig.4-16 Comparison of measured and predictive value in different plots in *Populus davidiana*

从3种不同模型来看，对于不同郁闭度下的可燃物，Nelson法都能较准确预测可燃物含水率的变化趋势，Simard法能够跟随实测值的变化趋势，气象要素回归法偏差稍大。除了无遮阴样地下，Nelson法的含水率预测曲线在大多情况下能够跟随实测值变化，且最为接近实测值。Nelson法在含水率陡然变化时折线也能够和实测值折线贴合。Simard法对不同样地的可燃物含水率预测结果也较为接近实测值的变化趋势，但在含水率升降过程中会和实测值有一定的偏差。实测含水率下降过程中，Simard法预测结果偏高，而实测含水率上升过程中则正好相反，可见Simard法预测结果滞后于含水率变化。气象要素回归法对不同样地的含水率预测结果变化则显得较差，不随含水率大幅度变化而剧烈变化。气象要素回归法通常趋于平稳变化，少有极端的情况。

4.5.4 杨桦林模型预测结果讨论

地表实测可燃物含水率随气象数据呈现有规律的变化。剧烈变化的气象要素对含水率预测模型的精度有很大影响。当发生降雨时，杨桦林可燃物含水率没有随相对湿度立刻升高，变化也不呈现规则的周期性变化。林型的不同郁闭度对地表细小可燃物的含水率影响仍然很大，总体上半遮阴样地预测精度最高。

对于Nelson法，含水率预测误差相对较小，在大多情况下能够跟随实测值变化，且最为接近实测值。Nelson法在含水率陡然变化时折线也能够和实测值折线贴合。

Simard法对不同样地的可燃物含水率预测结果也较为接近实测值的变化趋势，但在含水率升降过程中会和实测值有一定的偏差，结果滞后于含水率变化。

气象要素回归法预测误差依然总体偏大，难以随含水率大幅度变化而剧烈变化。尤其是在降雨初期，气象要素回归法无法迅速反映出含水率的骤升变化，过渡较为平稳。

4.6 红皮云杉林含水率预测结果分析

4.6.1 红皮云杉林地表气象要素动态变化情况

图4-17中气象要素变化范围极大，展示的是红皮云杉林谷地样地的空

气温度与相对湿度实测值变化曲线。采样次序与含水率测序保持一致，为10：00—17：00的日间变化情况。因实验环境及设备条件限制少获取两个日周期数据，且在采样次序26处伴有降雨，日降水量约6mm。

由数据可知，红皮云杉林气象数据变化范围较大。样地温度差异范围是-1.7～21.6℃，平均值为8.0℃；湿度差异范围是0.28～0.99，平均值为0.57，比杨桦林温度略低，湿度略高。由图4-17可见，温湿度呈现规则的周期性变化，变化范围较大，升降趋势完全一致。降雨时段（采样次序26处）相对湿度出现极值，空气温度同时达到极低值，发生冰冻，温度在采样次序12处出现最高值。

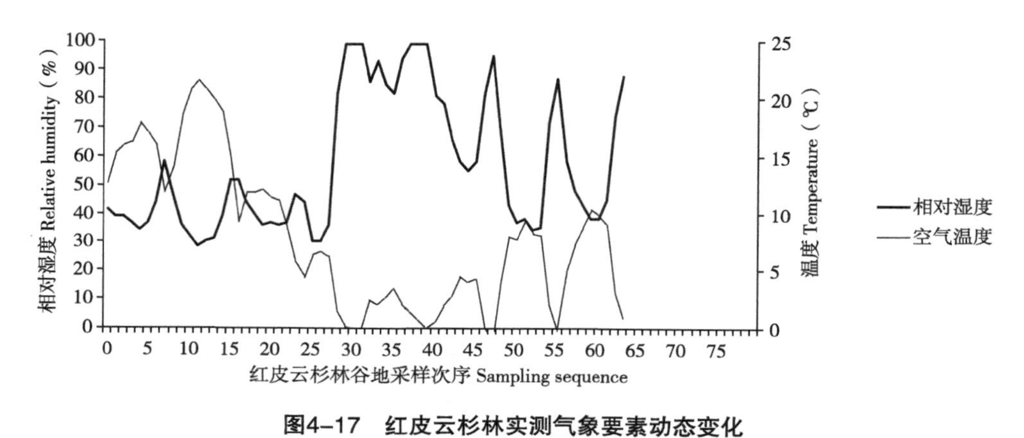

图4-17　红皮云杉林实测气象要素动态变化

Fig.4-17　Dynamics of measured meteorological elements in *Picea koraiensis*

4.6.2　红皮云杉林地表实测可燃物含水率动态变化情况

图4-18中含水率折线为10：00—17：00的日间变化情况。整个图像（图4-18）含水率具有规律性变化趋势。高于35%的含水率因其没有研究价值，在图4-18中以缺失数据的断线显示。因此采样次序26处以后全部数据受降雨影响均无研究价值。且半遮阴样地前期也有部分数据损失。总体来看，该样地含水率变化范围不大，具有一定规律性，个别部分数据有交叉变化，因降雨后数据未列入图像，故无法分析降雨对实测含水率变化的影响。

不同郁闭度下，半遮阴样地含水率普遍高于其他样地，林荫下样地含水率始终保持最低，说明红皮云杉林下地表含水率受天气影响较小，变化平稳。无遮阴样地含水率变化范围是20.7%～30.8%，平均值为24.5%；半遮阴样地含水率变化范围是23.5%～33.9%，平均值为27.8%；林荫下样地含水率变化范围是16.9%～26.5%，平均值为20.4%。可以看出，处于谷地的红皮云杉林地表湿润，可燃物含水率高于其他样地，且变化较平稳。含水率遇降雨会迅速升高，并能够长久保持这种较高的含水率。

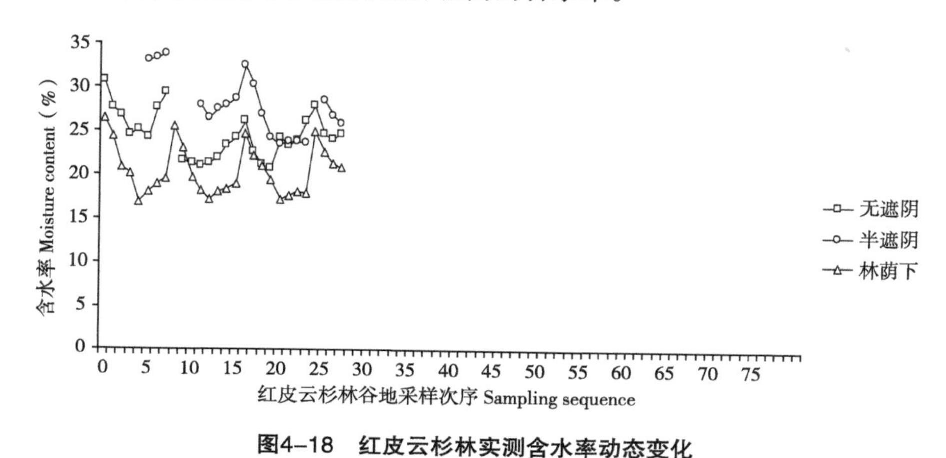

图4-18　红皮云杉林实测含水率动态变化

Fig.4-18　Dynamics of fuel moisture contents in *Picea koraiensis*

4.6.3　红皮云杉林以时为步长含水率预测模型

4.6.3.1　模型估计参数

表4-13给出了红皮云杉林下3种以时为步长模型的不同样地估计参数。与其他样地类似，在3个样地中Nelson法的参数β值作为公式的斜率，直接反映平衡含水率对温湿度的敏感性，斜率绝对值越小说明样品的持水能力越强。由此可得，红皮云杉林在郁闭度较低的样地下可燃物持水能力要强于其他郁闭度的样地。不同样地的可燃物的时滞（τ）变化较大，从0.7～5.8变化达5h。R^2则代表了预测结果的拟合程度，所有样地均能达到0.9的精度，说明模型预测效果显著。

由Simard法估计的可燃物时滞变化仍然较Nelson法大。但是随着郁闭度增加，时滞呈减小趋势，无遮阴样地可燃物的时滞最大，达到了23h。R^2在0.6～0.8变化，较Nelson法显著性下降很多。

同样，气象要素回归法的$b0$～$b4$参数本身无意义，这里不做描述。只从R^2可以看出，气象要素回归法结果同样最差，结果不显著。

表4–13　红皮云杉林3种模型的估计参数

Tab.4–13　Estimated parameters from three models in *Picea koraiensis*

模型	参数	谷地		
		无遮阴	半遮阴	林荫下
Nelson	λ	0.496	0.918	0.799
	α	0.625	0.662	0.574
	β	−0.079	−0.090	−0.081
	τ	0.713	5.867	2.226
	R^2	0.912	0.909	0.931
Simard	λ	0.979	0.977	0.951
	τ	23.204	21.170	9.985
	R^2	0.634	0.878	0.816
气象回归	$b0$	0.672	−0.672	0.531
	$b1$	0.009	0.015	0.008
	$b2$	0.462	0.430	0.165
	$b3$	−0.011	−0.012	−0.010
	$b4$	−0.309	−0.112	−0.002
	R^2	0.553	0.494	0.801

4.6.3.2　模型预测误差对比

图4–19给出了3种可燃物含水率预测模型的交叉验证误差结果。从总体来看，3种模型的误差同样具有规律性。对于不同郁闭度的样地，半遮阴样地Nelson法与Simard法预测效果最好，林荫下样地的Nelson法效果最好。无遮阴样地误差最大，但误差水平接近其他样地。

对于3种模型，无论是MAE、MRE还是RMSE，Nelson法预测误差较小且稳定，总体看半遮阴样地预测效果最好。Simard法情况与Nelson法相近，在林荫下样地预测结果相对更精确，其次是半遮阴样地和无遮阴样地。气象要素回归法预测误差相对较大，尤其是在半遮阴样地中。

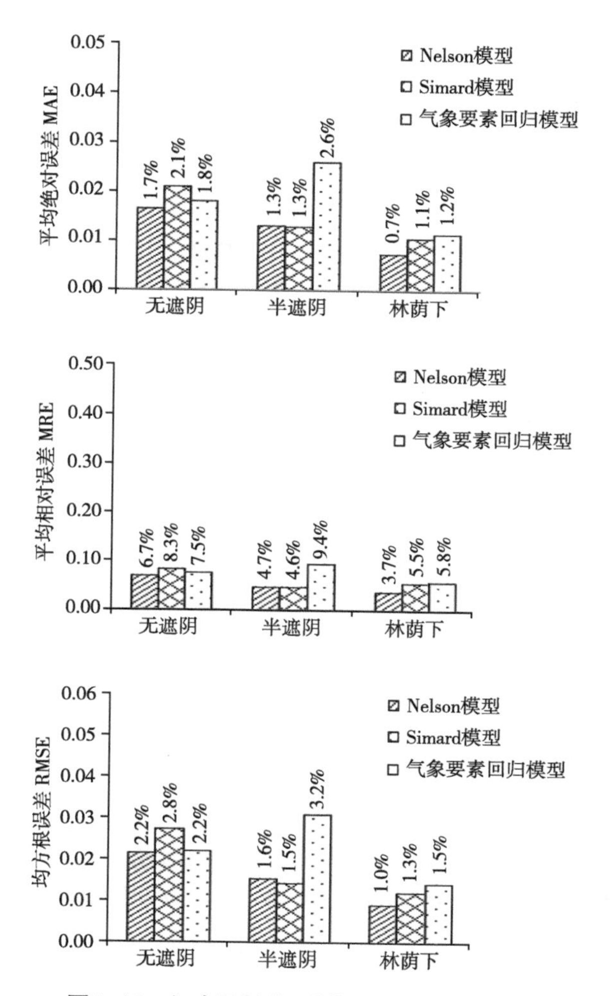

图4-19 红皮云杉林3种模型的3种误差对比

Fig.4-19 Comparison of three errors in the three models in *Picea koraiensis*

4.6.3.3 含水率预测值与实测值对比

图4-20给出了预测和实测可燃物含水率的对比图。无遮阴样地预测值与实测值折线显得有些凌乱，效果不够理想。含水率折线主要在20%～30%的范围内变化。半遮阴样地中，数据缺失比较严重，从折线的变化情况来看，预测效果比无遮阴样地略好。含水率折线在25%～35%变化，高于无遮阴样地5个百分点。林荫下样地含水率总体低于前两个样地，在15%～25%变化。能够看出预测效果比前两处样地要好，折线有规律且呈周期性变化。

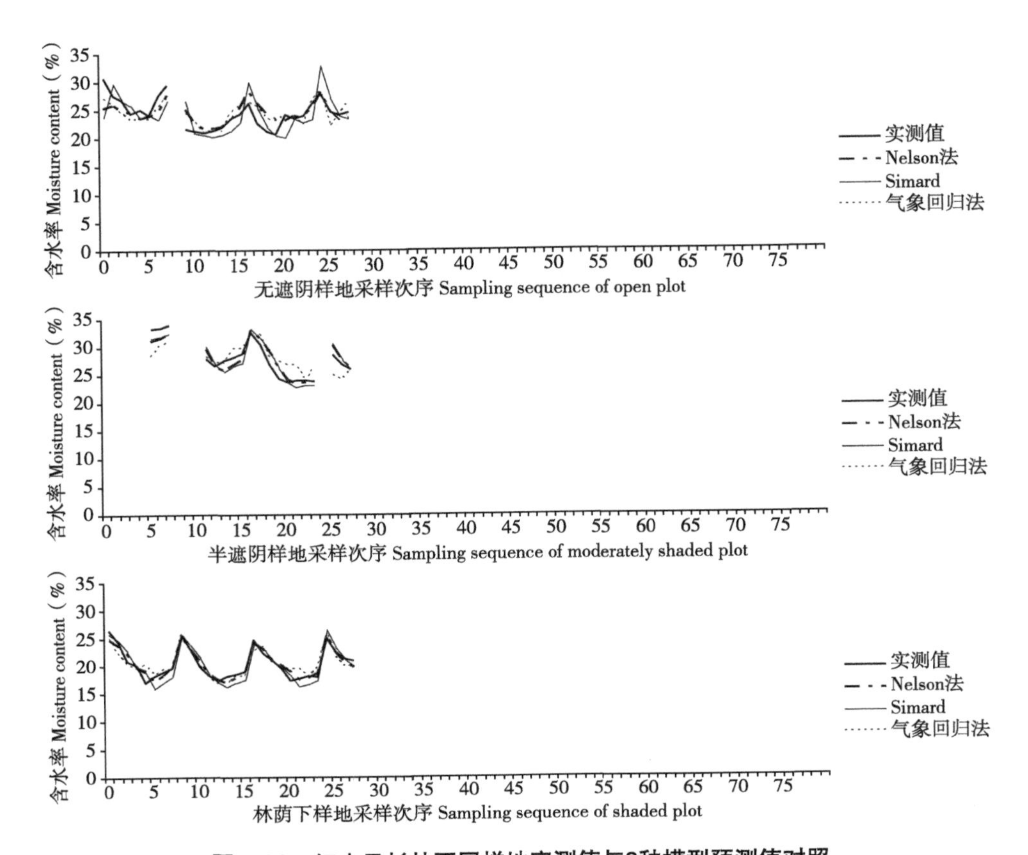

图4-20　红皮云杉林不同样地实测值与3种模型预测值对照

Fig.4-20　Comparison of measured and predictive value in different plots in *Picea koraiensis*

从3种不同模型来看，对于不同郁闭度样地下的可燃物，Simard法能较准确预测可燃物含水率的变化趋势，Nelson法和气象要素回归法偏差稍大。Simard法的含水率预测曲线在大多情况下能够跟随实测值变化，在含水率升降过程中会和实测值有一定的偏差。实测含水率下降过程中，Simard法预测结果偏高，而实测含水率上升过程中则正好相反，可见Simard法预测结果滞后于含水率变化。Nelson法和气象要素回归法对不同样地的含水率预测结果变化则显得较差，不随含水率大幅度变化而剧烈变化。

4.6.4　红皮云杉林模型预测结果讨论

地表实测可燃物含水率随气象数据呈现有规律的变化。但发生降雨时，可燃物含水率变得很高，超过可燃烧的水平。林型的不同郁闭度对地表细小可燃物的含水率影响相对较小，总体上林荫下样地预测精度最高。

对于Nelson法，不同样地的含水率预测结果变化则显得较差，不随含水率大幅度变化而剧烈变化。Simard法含水率预测能力在红皮云杉林中总体趋于平稳，预测曲线在大多情况下能够跟随实测值变化，在含水率升降过程中会和实测值有一定的偏差。气象要素回归法预测误差与Nelson法一样，存在较大偏差。

4.7 采伐迹地含水率预测结果分析

4.7.1 采伐迹地地表气象要素动态变化情况

采伐迹地因无树冠遮挡地表可燃物，因此样地无郁闭度的差别。为了便于同其他林型对照分析，在采伐迹地设立3个样地同时进行实验。

图4-21中气象要素变化范围极大，展示的是采伐迹地样地的空气温度与相对湿度实测值变化曲线。采样次序与含水率测序保持一致，为10：00—17：00的日间变化情况。因实验环境及设备条件限制少获取两个日周期数据，且在采样次序26处伴有降雨，日降水量约7mm。

由数据可知，采伐迹地气象数据变化范围较大。样地温度差异范围是-1.0～20.5℃，平均值为8.3℃，略高于红皮云杉林样地；湿度差异范围是0.29～0.99，平均值为0.53，比红皮云杉林样地略高。由图4-21可见，温湿度呈现规则的周期性变化，变化范围较大，升降趋势完全一致。降雨时段（采样次序26处）相对湿度出现极值，空气温度同时达到极低值，也发生短时冰冻，温度在采样次序10处出现最高值。

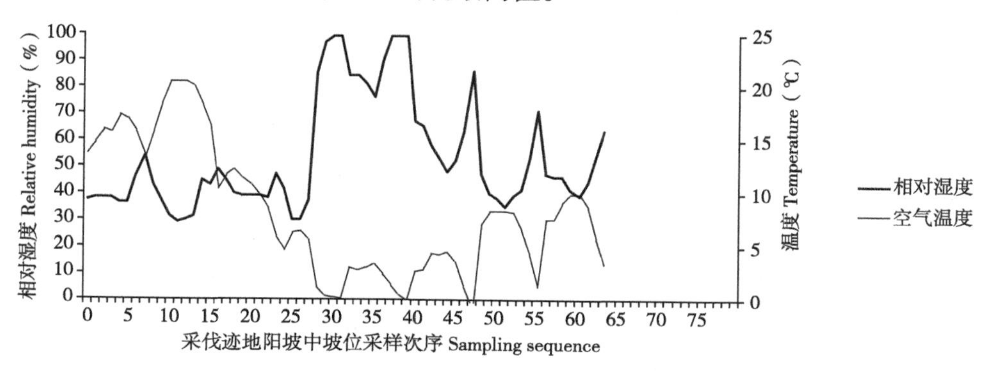

图4-21 采伐迹地实测气象要素动态变化

Fig.4-21 Dynamics of measured meteorological elements in deforested lands

4.7.2 采伐迹地地表实测可燃物含水率动态变化情况

图4-22中含水率折线为10：00—17：00的日间变化情况。整个图像含水率具有规律性变化趋势。高于35%的含水率因其没有研究价值，在图4-22中以缺失数据的断线显示。因此，采样次序2处6以后全部数据受降雨影响均无研究价值。总体来看，该样地含水率变化范围不大，具有一定规律性。因降雨后数据未列入图像，故无法分析降雨对实测含水率变化的影响。发生降雨时，各个样地含水率能够迅速升高，反应速度较快。

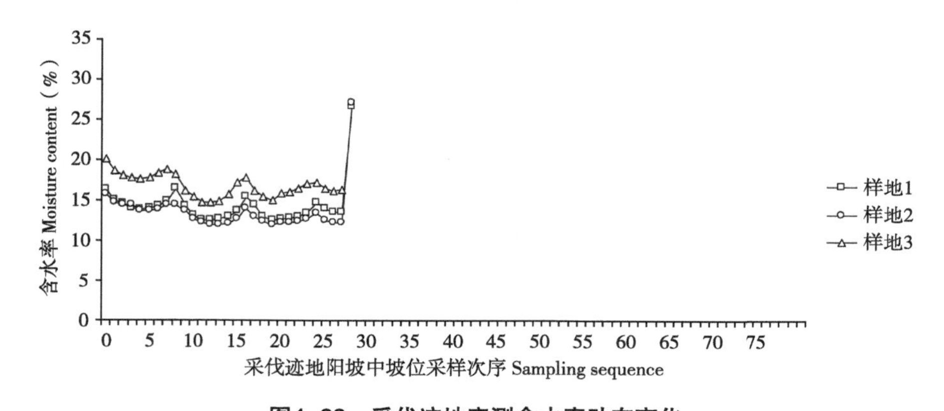

图4-22 采伐迹地实测含水率动态变化

Fig.4-22 Dynamics of fuel moisture contents in deforested lands

样地1含水率变化范围是12.6%～26.8%，平均值为14.4%；样地2含水率变化范围是12.0%～27.2%，平均值为13.7%；样地3含水率变化范围是14.8%～20.2%，平均值为16.9%。可以看出，3个样地含水率变化差异较小，说明采伐迹地地表可燃物含水率异质性较低。

4.7.3 采伐迹地以时为步长含水率预测模型

4.7.3.1 模型估计参数

表4-14给出了采伐迹地3种以时为步长模型的不同样地估计参数。可以从表4-14中看到，样地2的Nelson法非线性估计参数并不正常，这可能是由于软件在做非线性回归时，无法从实数部分获取有效结果，尝试以虚数部分进行计算而得到的结果。虽然这一结果从数值上没有意义，但在含水率预测和模型外推上却能够使用，因此在这里不做讨论，在后面的分析中仍作为对照样本讨论。

表4-14 采伐迹地3种模型的估计参数

Tab.4-14 Estimated parameters from three models in deforested lands

模型	参数	阳坡中坡位		
		样地1	样地2	样地3
Nelson	λ	0.288	1.000	0.728
	α	0.534	−2 805	0.262
	β	−0.082	584	−0.020
	τ	0.402	−7 092	1.577
	R^2	0.902	0.807	0.892
Simard	λ	0.958	0.950	0.968
	τ	11.652	9.714	15.239
	R^2	0.920	0.946	0.545
气象回归	$b0$	0.193	0.087	0.168
	$b1$	0.008	0.009	0.005
	$b2$	0.314	0.344	0.195
	$b3$	−0.009	−0.009	−0.005
	$b4$	−0.162	−0.204	−0.074
	R^2	0.872	0.853	0.388

与其他样地类似，在3个样地中Nelson法的参数β值作为公式的斜率，直接反映平衡含水率对温湿度的敏感性，斜率绝对值越小说明样品的持水能力越强。由此可得，采伐迹地不同采样点下可燃物持水能力存在巨大差别。不同样地的可燃物的时滞（τ）也存在不同。R^2能达到0.8～0.9，说明模型预测效果仍旧显著。由Simard法估计的可燃物时滞变化仍然较Nelson法大。但在不同样地中时滞变化不大，时滞在9～15h变化。R^2在0.5～0.9变化，较Nelson法显著性下降很多。

同样，气象要素回归法的$b0$～$b4$参数本身无意义，这里不做描述。只从R^2可以看出，气象要素回归法结果与Simard法相似，结果不显著。

4.7.3.2 模型预测误差对比

图4-23给出了3种可燃物含水率预测模型的交叉验证误差结果。从总体来看，3种模型的误差同样具有规律性。对于不同样地，Nelson法预测误差

总体高于Simard法和气象要素回归法，Simard法预测效果最好。

对于3种模型，无论是MAE、MRE还是RMSE，Nelson法总体预测误差较高。Simard法预测误差较小且稳定。气象要素回归法情况与Simard法相近。

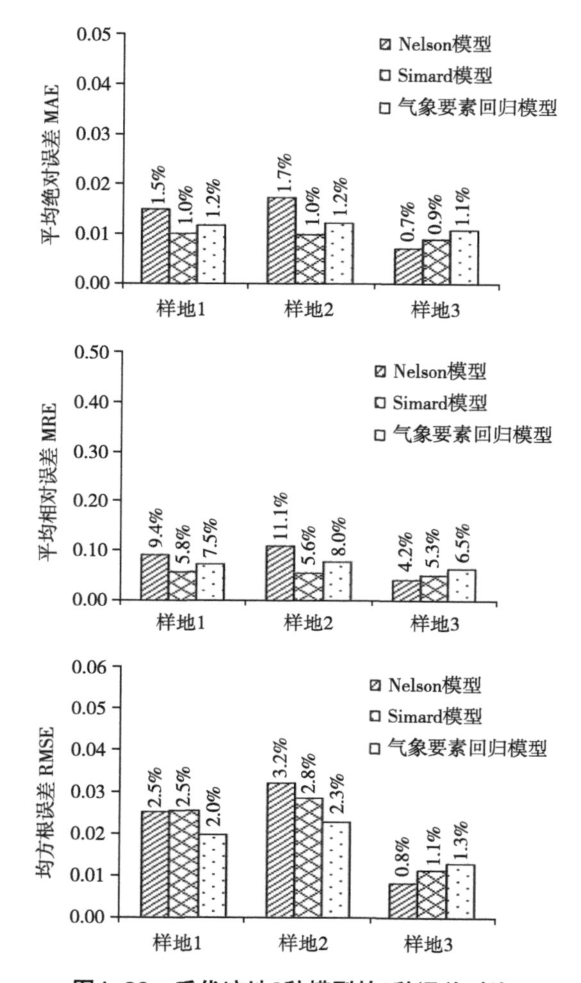

图4-23 采伐迹地3种模型的3种误差对比

Fig.4-23 Comparison of three errors in the three models in deforested lands

4.7.3.3 含水率预测值与实测值对比

图4-24给出了预测和实测可燃物含水率的对比图。样地2预测值与实测值折线略显凌乱，效果相对较差。3个样地含水率折线主要在10%～20%的范围内变化。

对于3种不同模型，Nelson法和气象要素回归法偏差稍大，在含水率升降过程中，变化较实测值大。Simard法的含水率预测曲线在大多情况下能够跟随实测值变化，但在含水率升降过程中会和实测值有一定的偏差。实测含水率下降过程中，Simard法预测结果偏低，而实测含水率上升过程中则正好相反，可见Simard法预测结果略滞后于含水率变化。Nelson法和气象要素回归法对不同样地的含水率预测结果变化则显得较差，不随含水率大幅度变化而剧烈变化。

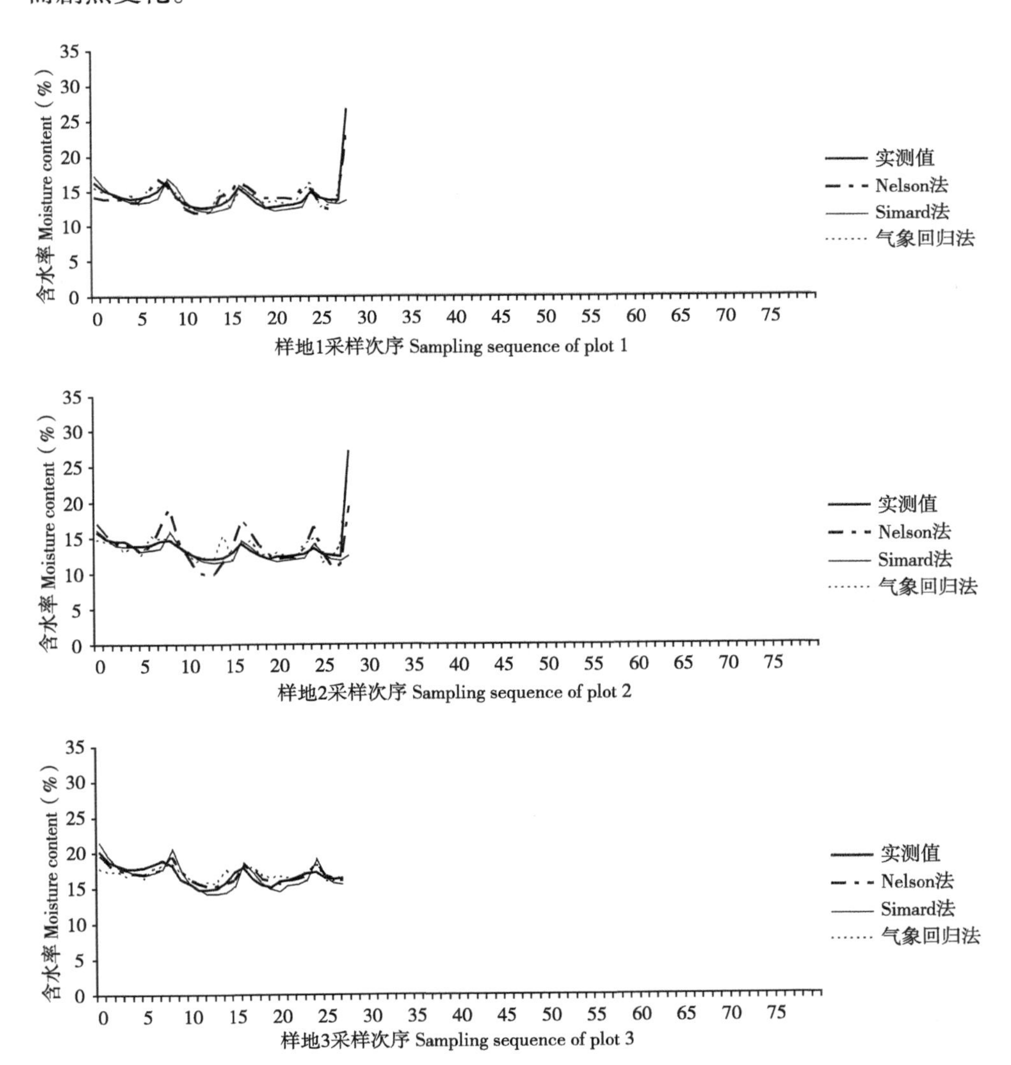

图4-24　采伐迹地不同样地实测值与3种模型预测值对照

Fig.4-24　Comparison of measured and predictive value in different plots in deforested lands

4.7.4 采伐迹地模型预测结果讨论

地表实测可燃物含水率随气象数据呈现有规律的变化。但发生降雨时，可燃物含水率变得很高，超过可燃烧的水平。不同样地含水率预测结果相近，无明显差别。

对于Nelson法，估计参数存在问题，但仍能预测含水率变化趋势。不同样地的含水率预测结果不同，在某些样地中Nelson法预测精度不如其他模型。

Simard法含水率预测能力在采伐迹地中总体趋于平稳，预测曲线在大多情况下能够跟随实测值变化，在含水率升降过程中会和实测值有一定的偏差。

气象要素回归法预测误差与Nelson法一样，同样存在较大偏差。

4.8 樟子松林、杨桦林、红皮云杉林及采伐迹地综合对照分析

因为樟子松林、杨桦林、红皮云杉林和采伐迹地没有对不同坡位进行采样测量，因此将这4处样地组合在一起，按照落叶松林和白桦林的分析模式进行对照分析，以获取更多样地变化对不同模型可燃物含水率预测的误差信息。

4.8.1 4个样地模型估计参数对比

表4-15给出了樟子松林、杨桦林、红皮云杉林下3种以时为步长模型的不同样地估计参数。从Nelson法的β值来看，红皮云杉林的样地可燃物持水能力要强于其他林型，而杨桦林持水能力最差。不同林型样地的可燃物时滞变化巨大，范围在0.5 ~ 5.8变化。所有林型样地R^2均能达到0.8以上。

由Simard法估计的可燃物时滞变化较Nelson法大。杨桦林总体上可燃物的时滞最小，红皮云杉林时滞最大。R^2在0.5 ~ 0.9变化，较Nelson法精度有所下降。

气象要素回归法的$b0$ ~ $b4$参数本身无意义，这里不做描述。气象要素回归法的R^2大多较小，显著性不明显。

表4-15 4个样地3种模型的估计参数

Tab.4-15 Estimated parameters from three models in four plots

模型	参数	樟子松林阳坡上坡位			杨桦林阳坡中坡位			红皮云杉林谷地			采伐迹地阴坡下坡位		
		无遮阴	半遮阴	林荫下	无遮阴	半遮阴	林荫下	无遮阴	半遮阴	林荫下	样地1	样地2	样地3
Nelson	λ	0.872	0.878	0.889	0.409	0.768	0.829	0.496	0.918	0.799	0.288	1.000	0.728
	α	0.400	0.589	0.555	0.345	0.516	0.414	0.625	0.662	0.574	0.534	−2 805	0.262
	β	−0.052	−0.096	−0.082	−0.044	−0.072	−0.052	−0.079	−0.090	−0.081	−0.082	584	−0.020
	τ	3.650	3.849	4.250	0.560	1.897	2.672	0.713	5.867	2.226	0.402	−7 092	1.577
	R^2	0.902	0.922	0.905	0.967	0.892	0.890	0.912	0.909	0.931	0.902	0.807	0.892
Simard	λ	0.956	0.942	0.973	0.783	0.930	0.941	0.979	0.977	0.951	0.958	0.950	0.968
	τ	11.176	8.433	18.385	2.042	6.912	8.209	23.204	21.170	9.985	11.652	9.714	15.239
	R^2	0.844	0.890	0.860	0.841	0.772	0.804	0.634	0.878	0.816	0.920	0.946	0.545
气象要素回归	$b0$	−0.627	−0.426	0.344	0.117	0.346	1.540	0.672	−0.672	0.531	0.193	0.087	0.168
	$b1$	−0.011	−0.002	−0.006	0.000	−0.002	−0.013	0.009	0.015	0.008	0.008	0.009	0.005
	$b2$	−0.037	−0.023	−0.174	0.298	0.073	0.035	0.462	0.430	0.165	0.314	0.344	0.195
	$b3$	0.013	0.003	0.006	0.000	0.001	0.008	−0.011	−0.012	−0.010	−0.009	−0.009	−0.005
	$b4$	0.334	0.250	0.350	−0.194	0.076	0.105	−0.309	−0.112	−0.002	−0.162	−0.204	−0.074
	R^2	0.382	0.254	0.323	0.200	0.174	0.315	0.553	0.494	0.801	0.872	0.853	0.388

4.8.2 4个样地模型预测误差对比

图4-25给出了3种可燃物含水率预测模型的交叉验证误差结果。从总体来看，3种误差变化趋势相一致。而对于不同林型，3种方法的误差各不相同。综合来看，杨桦林样地误差最大，其次是樟子松林和采伐迹地，红皮云杉林预测误差最小。

对于3种模型及误差，无论是MAE、MRE还是RMSE，Nelson法预测误差较小且稳定。Simard法与Nelson法效果相近，在采伐迹地中甚至精度高于Nelson法。气象要素回归法预测误差总体偏大，在樟子松林的预测误差甚至是Nelson法和Simard法的2倍，预测效果总体上最差。

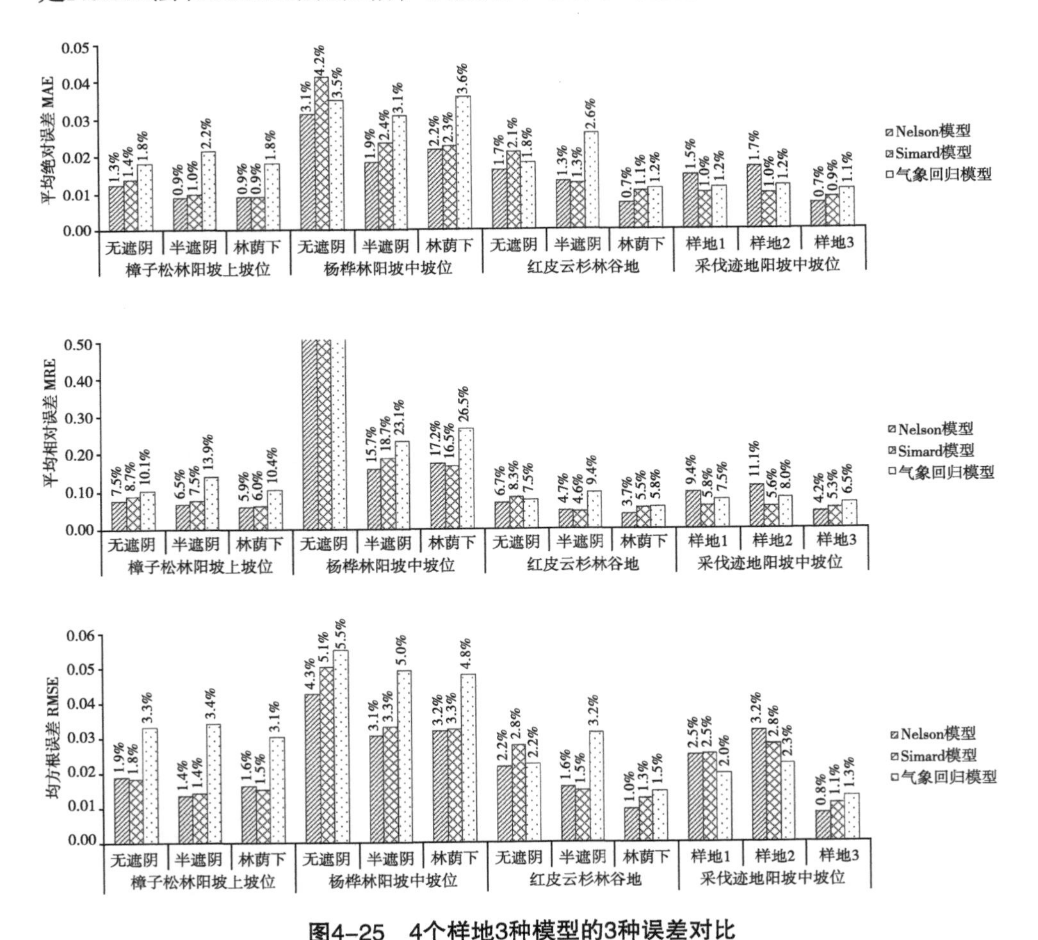

图4-25 4个样地3种模型的3种误差对比

Fig.4-25 Comparison of three errors in the three models in four plots

4.8.3 4个样地模型外推结果对比

表4–16至表4–19给出了3类模型外推到其他11个样地后的具体误差值及对每个模型的误差统计。在这些表中，每行数据表示将行头对应样地的数据代入列头所代表的模型中得到的误差值，即每列数据表示列头对应模型在不同样地中的外推预测误差。为了便于对照分析，模型自身的误差罗列在左上至右下的对角线位置上，并以粗体字显示。但自身数据没有参与统计计算，因为这部分主要分析模型的外推能力，即模型在其他林型样地的使用情况。后面由表4–19分别给出Nelson法、Simard法和气象要素回归法外推时的总误差统计情况，即每类模型中的12个模型外推到其他11个样地后共产生132个误差的总体最小值、最大值、平均值、变异系数等。

4.8.3.1 Nelson法外推误差

Nelson法外推时最小MAE为0.006，出现在采伐迹地样地3数据使用杨桦林半遮阴样地的模型的计算结果（D3行B2列）。MAE最大误差出现在红皮云杉林半遮阴样地数据代入采伐迹地样地1建立的模型后得到的0.126（C2行D1列）。MAE平均值为0.028，变异系数为0.794（表4–19）。MRE极值分别为0.037和5.689，出现位置分别是采伐迹地样地3数据使用杨桦林半遮阴样地的模型的计算结果（D3行B2列），以及杨桦林无遮阴样地数据代入红皮云杉林无遮阴样地建立的模型后得到的（B1行C1列）。MRE平均值为0.466，变异系数为2.297（表4–19）。

表4–16 4个样地Nelson法外推误差矩阵

Tab.4–16 Matrices of Nelson extrapolation errors in four plots

误差	样地	A1	A2	A3	B1	B2	B3	C1	C2	C3	D1	D2	D3
MAE	A1	**0.012**	0.014	0.011	0.028	0.011	0.011	0.065	0.017	0.015	0.023	0.026	0.014
	A2	0.009	**0.009**	0.010	0.017	0.016	0.013	0.078	0.019	0.020	0.018	0.021	0.016
	A3	0.010	0.012	**0.009**	0.039	0.010	0.009	0.054	0.014	0.010	0.034	0.021	0.012
	B1	0.035	0.037	0.036	**0.030**	0.034	0.035	0.084	0.040	0.036	0.029	0.052	0.034
	B2	0.020	0.022	0.019	0.042	**0.018**	0.018	0.056	0.023	0.019	0.040	0.033	0.021
	B3	0.021	0.023	0.020	0.049	0.021	**0.021**	0.052	0.023	0.020	0.048	0.034	0.024
	C1	0.025	0.029	0.023	0.094	0.031	0.026	**0.015**	0.019	0.024	0.096	0.026	0.036
	C2	0.025	0.029	0.018	0.121	0.041	0.030	0.027	**0.011**	0.029	**0.126**	0.017	0.049

（续表）

误差	样地	A1	A2	A3	B1	B2	B3	C1	C2	C3	D1	D2	D3
	C3	0.009	0.012	0.008	0.058	0.010	0.009	0.033	0.014	**0.007**	0.058	0.021	0.015
	D1	0.009	0.009	0.012	0.010	0.017	0.014	0.078	0.021	0.021	**0.010**	0.014	0.017
	D2	0.011	0.009	0.013	0.009	0.020	0.016	0.083	0.022	0.024	0.012	**0.014**	0.020
	D3	0.008	0.010	0.007	0.030	**0.006**	0.007	0.058	0.014	0.009	0.026	0.015	**0.006**
	平均值	**0.017**	**0.019**	**0.016**	**0.045**	**0.020**	**0.017**	**0.061**	**0.021**	**0.021**	**0.046**	**0.025**	**0.024**
MAE	变异系数	**0.556**	**0.523**	**0.517**	**0.772**	**0.561**	**0.545**	**0.316**	**0.358**	**0.379**	**0.758**	**0.424**	**0.497**
	最大误差	**0.035**	**0.037**	**0.036**	**0.121**	**0.041**	**0.035**	**0.084**	**0.040**	**0.036**	**0.126**	**0.052**	**0.049**
	最小误差	**0.008**	**0.009**	**0.007**	**0.009**	**0.006**	**0.007**	**0.027**	**0.014**	**0.009**	**0.012**	**0.014**	**0.012**
	A1	**0.070**	0.085	0.067	0.150	0.069	0.068	0.413	0.110	0.095	0.124	0.156	0.083
	A2	0.067	**0.062**	0.077	0.097	0.121	0.096	0.580	0.140	0.149	0.106	0.149	0.125
	A3	0.060	0.074	**0.054**	0.209	0.058	0.056	0.326	0.090	0.066	0.186	0.119	0.069
	B1	3.674	3.570	3.754	**3.248**	3.848	3.789	**5.689**	4.025	3.990	3.355	3.840	3.822
	B2	0.166	0.174	0.164	0.252	**0.151**	0.158	0.416	0.192	0.163	0.243	0.233	0.169
	B3	0.163	0.166	0.159	0.290	0.167	**0.163**	0.415	0.180	0.165	0.287	0.234	0.186
	C1	0.100	0.116	0.089	0.379	0.123	0.103	**0.060**	0.074	0.097	0.390	0.107	0.145
	C2	0.086	0.101	0.065	0.430	0.143	0.104	0.091	**0.040**	0.101	0.450	0.060	0.173
	C3	0.047	0.060	0.042	0.279	0.051	0.043	0.173	0.070	**0.034**	0.275	0.100	0.069
MRE	D1	0.053	0.049	0.070	0.061	0.109	0.089	0.559	0.138	0.142	**0.071**	0.094	0.110
	D2	0.065	0.047	0.083	0.058	0.136	0.109	0.629	0.152	0.168	0.091	**0.096**	0.140
	D3	0.044	0.062	0.044	0.176	**0.037**	0.039	0.346	0.082	0.053	0.153	0.091	**0.037**
	平均值	**0.411**	**0.409**	**0.419**	**0.217**	**0.442**	**0.423**	**0.876**	**0.478**	**0.472**	**0.514**	**0.471**	**0.463**
	变异系数	**2.632**	**2.563**	**2.639**	**0.569**	**2.558**	**2.641**	**1.831**	**2.466**	**2.475**	**1.845**	**2.373**	**2.409**
	最大误差	**3.674**	**3.570**	**3.754**	**0.430**	**3.848**	**3.789**	**5.689**	**4.025**	**3.990**	**3.355**	**3.840**	**3.822**
	最小误差	**0.044**	**0.047**	**0.042**	**0.058**	**0.037**	**0.039**	**0.091**	**0.070**	**0.053**	**0.091**	**0.060**	**0.069**

注：A、B、C分别代表樟子松林阳坡上坡位、杨桦林阳坡中坡位、红皮云杉林谷地样地；1、2、3代表无遮阴样地、半遮阴样地、林荫下样地，D1、D2、D3代表采伐迹地中坡位的3块不同样地。表中数据因四舍五入而出现同值，比较时按真实值进行比较

对于表4-16中给出的误差，其他样地的数据在使用樟子松林林荫下样地（A3列）的模型计算时，MAE误差平均值最小，达到0.016。而使用红皮云杉林无遮阴样地（C1列）的模型计算MAE误差结果平均值最大，达到0.061。但变异系数极值出现的位置与平均值不一样，分别为红皮云杉林无遮阴样地（C1列）的0.316和杨桦林无遮阴样地（B1列）的0.772。对于MRE，平均值的最小值、最大值分别为杨桦林无遮阴样地（B1列）的0.217和红皮云杉林无遮阴样地（C1列）的0.876。变异系数极值出现位置分别为杨桦林无遮阴样地（B1列）的0.569和杨桦林林荫下样地（B3列）的2.641。

如果将外推MAE平均误差和原误差的差距不超过原误差的30%看作相近，则对于Nelson法这种方法的12个模型中，有2个模型的外推平均误差与原模型误差相近（杨桦林半遮阴样地：B2；杨桦林林荫下样地：B3），其余模型外推误差均高于原误差，没有外推误差低于原误差的模型。这表明Nelson法外推误差较原模型普遍有增大的趋势。

4.8.3.2 Simard法外推误差

从表4-17可见，Simard法外推过程中，最小、最大MAE分别在采伐迹地样地3样地数据代入红皮云杉林半遮阴样地建立的模型后得到的0.009（D3行C2列）和红皮云杉林半遮阴样地数据代入杨桦林无遮阴样地建立的模型后得到的0.073（C2行B1列）。MAE平均值为0.019，变异系数为0.624（表4-19）。MRE极值分别为0.043和3.663，出现位置为红皮云杉林半遮阴样地数据代入红皮云杉林无遮阴样地建立的模型后得到的（C2行C1列）以及杨桦林无遮阴样地数据代入红皮云杉林无遮阴样地建立的模型后得到的（B1行C1列）。MRE平均值为0.387，变异系数为2.505（表4-19）。

从平均值和变异系数可以看出，使用Simard法时，无论哪个样地数据用在哪个模型中，MAE相差较细微，平均值最小的模型为红皮云杉林无遮阴样地建立的模型（C1列），达到0.015，平均值最小的模型为杨桦林无遮阴样地建立的模型（B1列），达到0.039。MAE变异系数极值分别为杨桦林无遮阴样地（B1列）的0.403和红皮云杉林无遮阴样地（C1列）的0.635。对于MRE，外推误差平均值的极值分别为杨桦林无遮阴样地（B1列）的0.208和红皮云杉林半遮阴样地（C2列）的0.410。MRE变异系数最小值为杨桦林无遮阴样地（B1列）的0.191，最大值为红皮云杉林无遮阴样地（C1列）的2.654。

同样将外推MAE平均误差和原误差的差距不超过原误差的30%看作相近，则对于Simard法这种方法的12个模型中，5个模型的外推平均误差与原模型误差相近或相等（樟子松林无遮阴样地：A1；杨桦林：B1、B2、B3；红皮云杉林无遮阴样地：C1），7个模型外推误差高于原误差，同样没有模型的外推误差低于原误差。这表明无遮阴样地类Simard法外推误差普遍接近原模型，杨桦林样地模型全部产生较大的外推误差。

综合上述，Simard法外推能力总体较理想，在杨桦林中外推误差会增加。

表4-17　4个样地Simard法外推误差矩阵

Tab.4-17　Matrices of Simard extrapolation errors in four plots

误差	样地	A1	A2	A3	B1	B2	B3	C1	C2	C3	D1	D2	D3
MAE	A1	**0.014**	0.015	0.013	0.031	0.016	0.015	0.012	0.012	0.014	0.014	0.014	0.013
	A2	0.010	**0.010**	0.009	0.024	0.011	0.010	0.009	0.009	0.010	0.010	0.010	0.009
	A3	0.011	0.012	**0.009**	0.037	0.013	0.012	0.009	0.009	0.011	0.010	0.011	0.010
	B1	0.040	0.040	0.041	**0.041**	0.040	0.040	0.041	0.041	0.040	0.040	0.040	0.040
	B2	0.022	0.023	0.022	0.039	**0.024**	0.023	0.022	0.022	0.022	0.022	0.023	0.022
	B3	0.022	0.023	0.022	0.041	0.023	**0.023**	0.022	0.022	0.022	0.022	0.022	0.022
	C1	0.023	0.024	0.021	0.062	0.026	0.024	**0.020**	0.020	0.023	0.022	0.023	0.021
	C2	0.014	0.017	0.012	**0.073**	0.020	0.017	0.012	**0.012**	0.015	0.014	0.015	0.013
	C3	0.010	0.010	0.011	0.042	0.011	0.011	0.012	0.012	**0.010**	0.010	0.010	0.011
	D1	0.010	0.010	0.010	0.025	0.011	0.010	0.010	0.010	0.010	**0.010**	0.010	0.010
	D2	0.010	0.010	0.010	0.023	0.010	0.010	0.010	0.010	0.010	0.010	**0.010**	0.010
	D3	0.009	0.010	0.009	0.033	0.011	0.010	0.009	0.009	0.010	0.009	0.010	**0.009**
	平均值	**0.016**	**0.018**	**0.016**	**0.039**	**0.018**	**0.017**	**0.015**	**0.016**	**0.017**	**0.017**	**0.017**	**0.016**
	变异系数	**0.587**	**0.521**	**0.587**	**0.403**	**0.524**	**0.559**	**0.635**	**0.609**	**0.551**	**0.569**	**0.543**	**0.579**
	最大误差	**0.040**	**0.040**	**0.041**	**0.073**	**0.040**	**0.040**	**0.041**	**0.041**	**0.040**	**0.040**	**0.040**	**0.040**
	最小误差	**0.009**	**0.010**	**0.009**	**0.023**	**0.010**	**0.010**	**0.009**	**0.009**	**0.010**	**0.009**	**0.010**	**0.009**

（续表）

误差	样地	A1	A2	A3	B1	B2	B3	C1	C2	C3	D1	D2	D3
MRE	A1	**0.086**	0.092	0.079	0.181	0.098	0.093	0.077	0.078	0.088	0.085	0.089	0.081
	A2	0.072	**0.074**	0.071	0.159	0.077	0.074	0.071	0.071	0.072	0.071	0.073	0.071
	A3	0.066	0.074	**0.060**	0.209	0.081	0.075	0.059	0.059	0.069	0.066	0.070	0.061
	B1	3.585	3.538	3.644	**3.063**	3.497	3.533	**3.663**	3.656	3.567	3.591	3.563	3.625
	B2	0.181	0.183	0.181	0.252	**0.185**	0.183	0.182	0.182	0.182	0.181	0.182	0.181
	B3	0.161	0.163	0.162	0.245	0.165	**0.163**	0.163	0.163	0.161	0.161	0.162	0.161
	C1	0.089	0.096	0.082	0.253	0.103	0.097	**0.080**	0.080	0.091	0.088	0.092	0.084
	C2	0.050	0.059	0.044	0.260	0.070	0.061	**0.043**	**0.043**	0.053	0.048	0.054	0.045
	C3	0.053	0.054	0.057	0.207	0.059	0.054	0.060	0.059	**0.053**	0.053	0.054	0.055
	D1	0.057	0.059	0.056	0.166	0.063	0.060	0.057	0.057	0.058	**0.057**	0.058	0.056
	D2	0.054	0.056	0.053	0.157	0.060	0.056	0.054	0.053	0.054	0.054	**0.055**	0.053
	D3	0.054	0.060	0.050	0.194	0.067	0.061	0.050	0.050	0.056	0.053	0.057	**0.051**
	平均值	**0.402**	**0.403**	**0.407**	**0.208**	**0.395**	**0.395**	**0.407**	**0.410**	**0.405**	**0.405**	**0.405**	**0.407**
	变异系数	**2.628**	**2.581**	**2.638**	**0.191**	**2.609**	**2.635**	**2.654**	**2.629**	**2.593**	**2.613**	**2.590**	**2.627**
	最大误差	**3.585**	**3.538**	**3.644**	**0.260**	**3.497**	**3.533**	**3.663**	**3.656**	**3.567**	**3.591**	**3.563**	**3.625**
	最小误差	**0.050**	**0.054**	**0.044**	**0.157**	**0.059**	**0.054**	**0.043**	**0.050**	**0.053**	**0.048**	**0.054**	**0.045**

注：A、B、C分别代表樟子松林阳坡上坡位、杨桦林阳坡中坡位、红皮云杉林谷地样地；1、2、3代表无遮阴样地、半遮阴样地、林荫下样地，D1、D2、D3代表采伐迹地中坡位的3块不同样地。表中数据因四舍五入而出现同值，比较时按真实值进行比较

4.8.3.3 气象要素回归法外推误差

从表4-18可得，气象要素回归法外推过程中，MAE最小值出现在采伐迹地样地1的数据代入采伐迹地样地2的模型产生的0.009（D1行D2列），最大MAE出现在采伐迹地样地2数据代入红皮云杉林半遮阴样地建立的模型后得到的0.156（D2行C2列）。MAE平均值为0.058，变异系数为0.615

（表4-19）。MRE最小值为0.065，出现在采伐迹地样地1的数据代入采伐迹地样地2的模型（D1行D2列），MRE最大值为7.424，出现位置为杨桦林无遮阴样地的数据代入红皮云杉林半遮阴样地的模型（B1行C2列）。MRE平均值为0.680，变异系数为1.855（表4-19）。

表4-18 4个样地气象要素回归法外推误差矩阵

Tab.4-18 Matrices of meteorological elements regression extrapolation errors in four plots

误差	样地	A1	A2	A3	B1	B2	B3	C1	C2	C3	D1	D2	D3
MAE	A1	**0.017**	0.023	0.024	0.036	0.025	0.032	0.092	0.108	0.052	0.028	0.036	0.020
	A2	0.034	**0.020**	0.041	0.026	0.044	0.050	0.109	0.125	0.071	0.019	0.022	0.035
	A3	0.025	0.033	**0.017**	0.049	0.018	0.026	0.078	0.096	0.038	0.038	0.048	0.019
	B1	0.049	0.034	0.052	**0.029**	0.049	0.059	0.122	0.145	0.080	0.036	0.037	0.044
	B2	0.035	0.039	0.030	0.049	**0.026**	0.037	0.085	0.105	0.050	0.049	0.056	0.032
	B3	0.036	0.050	0.036	0.057	0.035	**0.033**	0.073	0.092	0.040	0.053	0.059	0.038
	C1	0.067	0.090	0.074	0.113	0.070	0.089	**0.015**	0.045	0.044	0.105	0.112	0.076
	C2	0.095	0.125	0.107	0.143	0.103	0.113	0.041	**0.020**	0.084	0.143	0.149	0.112
	C3	0.035	0.048	0.032	0.074	0.030	0.054	0.041	0.087	**0.010**	0.063	0.071	0.035
	D1	0.042	0.023	0.037	0.016	0.036	0.030	0.107	0.149	0.061	**0.008**	**0.009**	0.029
	D2	0.049	0.028	0.044	0.014	0.044	0.033	0.114	**0.156**	0.069	0.010	**0.008**	0.037
	D3	0.023	0.016	0.017	0.038	0.013	0.030	0.075	0.120	0.034	0.029	0.036	**0.009**
	平均值	**0.044**	**0.046**	**0.045**	**0.056**	**0.042**	**0.050**	**0.085**	**0.112**	**0.057**	**0.052**	**0.058**	**0.043**
	变异系数	**0.467**	**0.710**	**0.571**	**0.724**	**0.600**	**0.554**	**0.321**	**0.290**	**0.307**	**0.754**	**0.706**	**0.631**
	最大误差	**0.095**	**0.125**	**0.107**	**0.143**	**0.103**	**0.113**	**0.122**	**0.156**	**0.084**	**0.143**	**0.149**	**0.112**
	最小误差	**0.023**	**0.016**	**0.017**	**0.014**	**0.013**	**0.026**	**0.041**	**0.045**	**0.034**	**0.010**	**0.009**	**0.019**
MRE	A1	**0.093**	0.117	0.143	0.190	0.156	0.194	0.587	0.688	0.327	0.147	0.191	0.118
	A2	0.238	**0.128**	0.298	0.152	0.321	0.366	0.814	0.926	0.518	0.119	0.126	0.252
	A3	0.135	0.178	**0.097**	0.259	0.106	0.150	0.471	0.566	0.230	0.206	0.256	0.102
	B1	4.477	3.925	4.714	**2.785**	4.426	4.141	6.163	**7.424**	5.345	3.224	2.980	4.078
	B2	0.241	0.242	0.219	0.283	**0.203**	0.256	0.603	0.735	0.358	0.288	0.326	0.224
	B3	0.254	0.310	0.266	0.325	0.267	**0.239**	0.573	0.704	0.341	0.317	0.343	0.278

（续表）

误差	样地	A1	A2	A3	B1	B2	B3	C1	C2	C3	D1	D2	D3
MRE	C1	0.266	0.361	0.296	0.460	0.280	0.363	**0.059**	0.191	0.177	0.425	0.454	0.306
	C2	0.336	0.445	0.378	0.508	0.362	0.396	0.139	**0.071**	0.293	0.508	0.532	0.397
	C3	0.155	0.225	0.149	0.346	0.134	0.256	0.216	0.441	**0.048**	0.304	0.339	0.161
	D1	0.298	0.154	0.249	0.110	0.260	0.219	0.753	1.056	0.440	**0.054**	**0.065**	0.211
	D2	0.364	0.198	0.317	0.104	0.329	0.257	0.847	1.167	0.521	0.077	**0.058**	0.277
	D3	0.139	0.094	0.099	0.223	0.077	0.177	0.452	0.718	0.203	0.169	0.212	**0.054**
	平均值	**0.628**	**0.568**	**0.648**	**0.269**	**0.611**	**0.616**	**1.056**	**1.329**	**0.796**	**0.526**	**0.529**	**0.582**
	变异系数	**2.038**	**1.968**	**2.085**	**0.496**	**2.078**	**1.903**	**1.618**	**1.535**	**1.902**	**1.721**	**1.556**	**1.998**
	最大误差	**4.477**	**3.925**	**4.714**	**0.508**	**4.426**	**4.141**	**6.163**	**7.424**	**5.345**	**3.224**	**2.980**	**4.078**
	最小误差	**0.135**	**0.094**	**0.099**	**0.104**	**0.077**	**0.150**	**0.139**	**0.191**	**0.177**	**0.077**	**0.065**	**0.102**

注：A、B、C分别代表樟子松林阳坡上坡位、杨桦林阳坡中坡位、红皮云杉林谷地样地；1、2、3代表无遮阴样地、半遮阴样地、林荫下样地，D1、D2、D3代表采伐迹地中坡位的3块不同样地。表中数据因四舍五入而出现同值，比较时按真实值进行比较

由表4-18的平均值和变异系数可得，使用气象要素回归法时，MAE平均最小值为杨桦林半遮阴样地（B2列）的0.042，最大值为红皮云杉林半遮阴样地（C2列），达到0.112。MAE变异系数极值分别为红皮云杉林半遮阴样地（C2列）的0.290和采伐迹地样地1（D1列）的0.754。对于MRE，外推误差平均值的极值分别为杨桦林无遮阴样地（B1列）的0.269和红皮云杉林半遮阴样地（C2列）的1.329。变异系数最小值为杨桦林无遮阴样地（B1）的0.496，最大为樟子松林林荫下样地（A3列）的2.085。

依然将外推MAE平均误差和原误差的差距不超过原误差的30%看作相近，则对于气象要素回归这种方法的12个模型中，所有模型的外推平均误差均高于原模型误差，这表明气象要素回归法普遍不适用于外推计算。

4.8.3.4 3种模型整体外推误差比较

对于表4-19给出的3种模型外推整体误差的统计数据，MAE外推效果最好的是Simard法，其次是Nelson法，最差的是气象要素回归法，这与前面落叶松林和白桦林的结果相吻合。MAE的平均值上，Nelson法误差平均值是Simard法的1.5倍，而气象要素回归法的误差平均值约是Simard法的3倍，变

异系数上Simard法与气象要素回归法较接近，均比Nelson法要小。整个外推误差中，最大误差值和最小误差的最大值均出现在气象要素回归法中，可见气象要素回归法的精度和稳定性同样远不如前两种模型。

对于MRE，总体结果也类似于MAE。

表4-19　4个样地3种模型外推误差矩阵数据统计

Tab.4-19　Matrices statistics of three extrapolation errors in four plots

误差	模型	平均值	变异系数	最大误差	最小误差
MAE	Nelson	0.028	0.794	0.126	0.006
	Simard	0.019	0.624	0.073	0.009
	气象要素回归	0.058	0.615	0.156	0.009
MRE	Nelson	0.466	2.297	5.689	0.037
	Simard	0.387	2.505	3.663	0.043
	气象要素回归	0.680	1.855	7.424	0.065

4.8.4　4个样地对比结果讨论

对于Nelson法，含水率预测误差较小且稳定，总体上红皮云杉林样地下预测效果最好，在杨桦林样地最差。Nelson法在使用樟子松林林荫下样地数据建立的模型外推结果最好。在各种不同立地条件下表现不同，多以林荫下样地外推精度较高。可推得Nelson法适于水分变化较小且常年半湿润的林型。

Simard法在采伐迹地样地预测误差最小，其次是在樟子松林样地，最差在杨桦林样地。Simard法与在其他样地一样，有效果相似的多个样地外推模型可选，但在杨桦林样地下效果较差。同样在水分变化较小的林型下外推能力表现最优。Simard法自身误差较小，且外推误差矩阵误差总体较小，最具外推能力，效果比Nelson法要好。

气象要素回归法预测误差总体偏大，与Simard法类似的是在采伐迹地样地预测效果最好，在杨桦林样地预测效果最差，所以气象要素回归法预测效果总体上最差。气象要素回归法不但自身误差大，其外推误差也远大于自身误差，难以找到规律。这可能由于其作为统计模型本身的性质，外推能力必然不如其他模型。

由上述可得，若要针对不同立地条件建立该类型模型，则必须建立针对林型的模型，尤其是微地形变化下的不同模型，再次验证了Wotton等的结论。

4.9 本章小结

本章从地表气象要素动态变化情况、地表实测可燃物含水率动态变化情况、以时为步长含水率预测模型的估计参数、预测误差、预测值与实测值对照、模型外推误差结果等多方面对不同坡位坡向和郁闭度的落叶松林、白桦林、樟子松林、杨桦混交林、红皮云杉林和采伐迹地进行了详细的结果描述和误差分析。比较了Nelson、Simard、气象要素回归3种模型在上述不同条件下的地表细小可燃物含水率预测情况。其中，对落叶松林和白桦林进行了阴坡、阳坡、上坡、中坡、下坡位的3种不同郁闭度样地的3种模型预测误差对照，并分析了几种不同情况下3种模型外推能力；横向比较了樟子松林、杨桦混交林、红皮云杉林和采伐迹地的含水率预测误差，并计算了4种林型使用3种模型外推的误差，得到如下结论。

对于地表细小可燃物含水率预测误差精度，地域异质性较强。①从不同气象条件来看，降雨对所有样地的3种模型预测结果都有较大影响，地表过于潮湿会大幅度升高模型的预测误差。变化幅度较大的空气温度和相对湿度也是误差增加的主要原因。因此，本研究中使用的3种模型更适用于在变化平稳且有周期性的气象条件下进行可燃物含水率的预测。②从不同林型来看，落叶松林下，总体预测效果最好的是Nelson法。Simard法预测效果有优有劣，在含水率较低的地表，Simard法预测精度接近Nelson法，而在含水率稍高的地表，Simard法预测精度最差，甚至效果不如气象要素回归模型。气象要素回归模型则与Simard法相反，总体上预测效果最差。白桦林下，预测效果最好的仍然是Nelson法，Nelson法能够适用于任何情况下。Simard法误差则接近Nelson法。气象要素回归模型预测误差最大，且不够稳定，个别情况下精度低于Simard法。樟子松林下，模型预测效果优劣依然是Nelson法、Simard法、气象要素回归模型。杨桦混交林下，Simard法预测精度偶尔有些变化，但仍是上述规律。红皮云杉林中3种模型预测误差相差不大，但难以找到规律，总体上看Nelson法较好。采伐迹地中，Nelson法预测效果通常最差，误差比另两种模型要高，且不够稳定。Simard法和气象要素回归模型预测精度比较接近，预测精度高。按照林型比较，预测效果最好的是落叶松林，其次是樟子松林、采伐迹地、白桦林、红皮云杉林，最差的是杨桦混交林。③从不同坡向来看，阴坡3种模型可燃物含水率预测精度总体要高于阳坡，阳坡的预测误差相对阴坡较大。④从不同坡位来看，低坡位预测精度总体要高于上坡位，而中坡位3种模型预测精度都较低。⑤从林下不同郁闭度来看，普遍趋势是无遮阴样地预测精度高于半遮阴样地，林荫下样地预测效果相对较差，但具体情况与不同林型和坡位坡向均有关。落叶松林下，随着郁闭度增加，预测精度降低，即误差在升高。白桦林中，较高坡位上与落叶松林相同，较低坡位则相差不大。樟子松林、杨桦林、红皮云杉林下，随着郁闭度增加，预测精度也升高，即预测误差在降低。采伐迹地则与白桦林较低坡位情况相似。

对于模型外推能力，从不同林型样地来看，①在落叶松林下，Nelson法在使用阳坡中坡位林荫下样地数据建立的模型外推结果最好，在各种不同坡向坡位下表现较接近，但郁闭度影响较大，多以半遮阴样地外推精度较高，Nelson法适用于水分变化较小且常年半湿润的落叶松林型。Simard法在阳坡下坡位和阴坡下坡位外推效果最好，总体表现为稳定，适用于多种样地，但同样在水分变化较小的落叶松林型下外推能力表现最优。气象要素回归法外推误差远大于自身误差，尤其对于阴坡林型误差特别大，不适宜选为外推用模型。综合来看，落叶松林下外推效果最好的是Simard法，其次是Nelson法，最差的是气象要素回归法。②在白桦林下，Nelson法在使用阳坡上坡位林荫下样地数据建立的模型外推结果最好，在半遮阴样地外推精度较低，Nelson法在白桦林下同样适用于水分变化较小且常年半湿润的林型。Simard法在阳坡上坡位的外推效果较好，总体表现为稳定，适用于多种样地。气象要素回归法外推误差远大于自身误差，对于含水率变化较大的林型误差尤大，同样不适宜选为外推用模型。综合来看，白桦林下外推效果最好的是Simard法，其次是Nelson法，最差的是气象要素回归法。白桦林的总体外推误差要高于落叶松林，但各个模型的精度比例类似于落叶松林，说明样地的变化对3种模型之间的预测效果好坏没有排序上的影响。③四大不同林型之间的比较（樟子松、杨桦、红皮云杉、采伐迹地），Nelson法在使用樟子松林林荫下样地数据建立的模型外推结果最好，多以林荫下样地外推精度较高。Simard法在多个样地外推效果相似，差别不大，但在杨桦林样地下效果较差，外推误差矩阵误差总体较小，最具外推能力，效果比Nelson法要好。气象要素回归法外推误差远大于自身误差，难以找到规律，不适用于进行外推预测分析。

5 结论

以大兴安岭地区落叶松林、白桦林、樟子松林、杨桦混交林、红皮云杉林、采伐迹地6种典型林型为研究对象，设计并实施了野外地表细小可燃物含水率的观测实验。分析每种林型下地表细小可燃物含水率随气象条件和微地形变化的规律，使用多种方法建立以时为步长的含水率预测模型，评价模型精度，并分析各模型的外推能力，给出各种情况下最优的预测模型。其中建立含水率预测模型使用了“直接估计法”和气象要素回归法两种方法进行对照。“直接估计法”中选用了Nelson和Simard两种较流行的平衡含水率对环境因子响应方程，因此本研究将对Nelson法、Simard法和气象要素回归法建立的3种以时为步长的地表细小可燃物含水率预测模型进行对照分析。微地形的变化方面对落叶松林和白桦林进行了阴坡、阳坡、上坡位、中坡位、下坡位的3种不同郁闭度样地的3种模型预测误差对照，并分析了几种不同情况下3种模型外推能力；横向比较了樟子松林、杨桦混交林、红皮云杉林和采伐迹地的含水率预测误差，并计算了4种林型使用3种模型外推的误差。每处采样点以1h间隔各采集80组数据用于建模，以模型的含水率预测误差来评价模型精度。外推分析则根据前面各因子组合下建立的含水率模型，使用其他样地的数据进行含水率预测，评价并分析模型的外推精度，评价各模型的外推能力。最后从结果中筛选出适用于不同立地条件下的地表细小可燃物含水率预测模型，获得不同情况下简便有效的预测方法，结论如下。

（1）对于可燃物含水率预测模型，大兴安岭地区典型地表细小可燃物含水率预测的地域异质性较强。①从不同气象条件来看，降雨对所有样地的3种模型预测结果都有较大影响，地表过于潮湿会大幅度升高模型的预测误差。变化幅度较大的空气温度和相对湿度也是误差增加的主要原因。研究中使用的3种模型更适用于在变化平稳且有周期性的气象条件下进行可燃物含水率的预测。②从不同林型来看，落叶松林下，总体预测效果最好的是Nelson法。Simard法预测效果有优有劣，在含水率较低的地表的预测精度高于含水率较高的地表。气象要素回归模型则与Simard法相反，总体上预测效果最差。白桦林下，Nelson法预测效果最好，Simard法误差则接近Nelson法。气象要素回归模型预测误差最大。樟子松林下，结果同落叶松林。杨桦混交林下，Simard法预测精度偶尔有些变化，但仍是上述规律。红皮云杉林中3种模型预测误差相差不大，但难以找到规律，总体上看Nelson法较好。采伐迹地中，Nelson法预测效果最差。Simard法和气象要素回归模型预测精度比较接近，预测精度高。按照林型比较，预测效果最好的是落叶松林，其次是樟子松林、采伐迹地、白桦林、红皮云杉林，最差的是杨桦混交林。③从不同坡向来看，阴坡3种模型可燃物含水率预测精度总体要高于阳坡，阳坡的预测误差相对阴坡较大。④从不同坡位来看，低坡位预测精度总体要高于上坡位，而中坡位3种模型预测精度都较低。⑤从林下不同郁闭度来看，普遍趋势是无遮阴样地预测精度高于半遮阴样地，林荫下样地预测效果相对较差，但具体情况与不同林型和坡位坡向均有关。落叶松林下，随着郁闭度增加，预测精度降低，即误差在升高。白桦林中，较高坡位上与落叶松林相同，较低坡位则相差不大。樟子松林、杨桦林、红皮云杉林下，随着郁闭度增加，预测精度也升高，即预测误差在降低。采伐迹地则与白桦林较低坡位情况相似。

（2）对于模型的外推能力，单一样地建立的模型与其他样地的外推能力差异较大，从不同林型样地来看，①在落叶松林下，Nelson法在使用阳坡中坡位林荫下样地数据建立的模型外推结果最好。郁闭度对其影响较大，多以半遮阴样地外推精度较高，可得Nelson法适用于水分变化较小且常年半湿润的落叶松林型。Simard法在阳坡下坡位和阴坡下坡位外推效果最好，总体表现为稳定。气象要素回归法外推误差远大于自身误差，不适宜外推使用。综合来看，落叶松林下外推效果最好的是Simard法，其次是Nelson法，最差的是气象要素回归法。②在白桦林下，Nelson法在使用阳坡上坡位林荫下样地数据建立的模型外推结果最好。Simard法在阳坡上坡位的外推效果较好，总体表现为稳定，适用于多种样地。气象要素回归法同样不适宜外推使用。综合来看，落叶松林下外推效果最好的是Simard法，其次是Nelson法，最差的是气象要素回归法；白桦林的总体外推误差要高于落叶松林，说明林型的变化对模型外推能力影响较小。③四大不同林型之间的比较（樟子松、杨桦、红皮云杉、采伐迹地），Nelson法在使用樟子松林林荫下样地数据建立的模型外推结果最好，多以林荫下样地外推精度较高。Simard法在多个样地外推效果相似，差别不大，最具外推能力，效果比Nelson法要好。气象要素回归法外推误差远大于自身误差，难以找到规律，不适用于进行外推预测分析。

综上所述，本研究以大兴安岭林区的6种森林类型地表细小可燃物为对象，以时为步长，研究不同森林类型在不同坡向、坡位和郁闭度条件下，直接估计法（Nelson法、Simard法和气象要素回归法）含水率预测模型的精度，并对预测误差及外推使用进行评价，得出以下主要结论。①变化幅度不同的气象因子、坡向、坡位、郁闭度及森林类型均影响模型预测精度。在大兴安岭林区Nelson法精度最高；②Nelson法更适用于水分变化较小且常年半湿润的落叶林，Simard法在下坡位外推效果最好，而气象要素回归法不适于外推使用。以上结论说明以时为步长的直接估计法可燃物含水率预测在大兴安岭地区的典型林型中，存在可以实现预测并外推应用的模型，具有较好的预测效果，但是模型的异质性较强。类似研究中，金森等在室内实验的基础上指出落叶松枯枝含水率模型的外推能力尚未改变残差的正态分布，但外推后的残差增大。本研究的误差与这些研究相似，说明了方法的有效性。但从结果看，各个模型外推对不同的情况并不完全适用。虽然部分模型无需针对不同林型和立地条件单独建立模型，但采用以时为步长的可燃物含水率预测方法，应针对林型和微地形的变化，选择合适的平衡含水率预测及外推模型。

本研究的创新点在于，在野外实测数据建模的基础上，分析了微地形变化对含水率预测精度的影响，并对模型进行了外推能力分析，得出了大兴安岭地区典型地表可燃物含水率预测的适用性。另外，因研究条件、时间和经费上的限制，研究区所选的实验样地还不能足以涵盖所有的情况。特别是在地形变化上还不够全面，样地间距离相对较近，不够分散，还不足以代表大兴安岭更广阔地区的情况。对于距离更远的林型和立地条件是否如此，需进一步研究，以及不同林型是否如此，也需深入研究。因此模型的全国普适性还不清楚，今后应进一步研究更广泛区域的模型。此外，在大兴安岭林区，春季和秋季均是林火容易产生的季节。此次研究仅观测了秋季数据，数据量不足以代表所有季节情况，今后将补充研究春季各林型细小可燃物含水率变化规律。在实验过程中，遇到了降雨的干扰，虽然数据的连续性对模型影响不大，但缺失的数据对结果也有一定的影响，且研究并未对降雨带来的影响进行定量分析。对于此类研究的下一步计划是，研发一套可以自动测量地表细小可燃物含水率的仪器，代替人工测量，不但可以减少测量误差、提高精度，更能同时开展更大范围的工作。此外，应当开展更多不同环境条件的可燃物含水率外推预测研究，分析更多不同林型下有效模型，且应该把研究区域从大兴安岭地区扩大至全国林区。

参考文献

陈鹏宇. 2011. 帽儿山林场地表死可燃物含水率直接估计法的误差分析[D]. 哈尔滨：东北林业大学.

单延龙，刘乃安，胡海清，等. 2005. 凉水自然保护区主要可燃物类型凋落物层的含水率[J]. 东北林业大学学报，33（5）：41–43.

邸雪颖. 1993. 林火预测预报[M]. 哈尔滨：东北林业大学出版社.

董智勇. 1992. 世界林业发展道路[M]. 北京：中国林业出版社.

傅泽强，陈动，王玉彬. 2001. 大兴安岭森林火灾与气象条件的相互关系[J]. 东北林业大学学报，29（1）：12–15.

关百钧，魏宝麟. 1992. 世界林业发展概论[M]. 北京：中国林业出版社.

何忠秋，李长胜，张成钢，等. 1995. 森林可燃物含水率模型的研究[J]. 森林防火，45（2）：15–20.

何忠秋，张成钢，牛永杰. 1996. 森林可燃物湿度研究综述[J]. 世界林业研究 （5）：26–30.

胡海清. 2005. 林火生态与管理[M]. 北京：中国林业出版社.

胡远满，徐崇刚，常禹，等. 2004. 空间直观景观模型LANDIS在大兴安岭呼中林区的应用[J]. 生态学报，24（9）：1 846–1 856.

黄锋. 2008. 基于VFP+MO的广西县级森林火险等级预报系统的研究与设计[D]. 南宁：广西大学.

金森，陈鹏宇. 2011. 樟子松针叶床层结构对失水过程中含水率参数的影响[J]. 林业科学，47（4）：114–120.

金森，姜文娟，孙玉英. 1999. 用时滞和平衡含水率准确预测可燃物含水率的理论算法[J]. 森林防火（4）：12–14.

金森，李亮，赵玉晶. 2011. 用直接估计法预测落叶松枯枝含水率的稳定性和外推误差分析[J]. 林业科学，47（6）：114–121.

金森，李亮. 2010. 时滞和平衡含水率的直接估计法的有效性分析[J]. 林业科学，46（2）：95–102.

金森，李绪尧，李有祥. 2000. 几种细小可燃物失水过程中含水率的变化规律[J]. 东北林业大学学报，28（1）：35–38.

金森，王晓红，于宏洲. 2012. 林火行为预测和森林火险预报中气象场的插值方法[J]. 中南林业科技大学学报，32（6）：1-7.
金喜. 2007. 构建B/S模式的森林资源WebGIS及关键技术的研究[D]. 哈尔滨：东北林业大学.
李红，舒立福，田晓瑞，等. 2004. 林火研究综述（Ⅳ）——GIS在林火管理中应用现状及发展趋势[J]. 世界林业研究，17（1）：20-24.
李亮. 2009. 帽儿山林场地表死可燃物含水率预测研究[D]. 哈尔滨：东北林业大学.
李世友，舒清态，马爱丽，等. 2009. 华山松人工林凋落物层细小可燃物含水率预测模型研究[J]. 林业资源管理（1）：84-88.
刘峰. 2004. 基于GIS和RS的森林火险预测模式研究[D]. 长沙：中南林学院.
刘曦，金森. 2007. 平衡含水率法预测死可燃物含水率的研究进展[J]. 林业科学，43（12）：126-133.
刘曦，金森. 2007. 湿度对可燃物时滞和平衡含水率的影响[J]. 东北林业大学学报，35（5）：44-46.
刘曦. 2007. 温度和湿度对可燃物平衡含水率的影响研究[D]. 哈尔滨：东北林业大学.
刘元春. 2007. 气候变化对我国森林火灾时空分布格局的影响[D]. 哈尔滨：东北林业大学.
刘志华，常禹，陈宏伟，等. 2008. 大兴安岭呼中林区地表死可燃物载荷量空间格局[J]. 应用生态学报，19（3）：487-493.
罗菊春. 2002. 大兴安岭森林火灾对森林生态系统的影响[J]. 北京林业大学学报，24（5）：101-107.
罗永忠. 2005. 祁连山森林可燃物及火险等级预报的研究[D]. 兰州：甘肃农业大学.
吕万鹏. 2019. 巴西亚马逊林火对我国森林消防工作的启示[J]. 森林防火（4）：48-52.
曲智林，李昱烨，闵盈盈. 2010. 可燃物含水率实时变化的预测模型[J]. 东北林业大学学报，38（6）：66-71.
森林防火办. 塔河林业局盘古林场基本概况. http：//thfhb. dxal. hl. cn/thfhb/jbgk/201003/26. html.
舒立福，田晓瑞，寇晓军. 2003. 林火研究综述（Ⅰ）——研究热点与进展[J]. 世界林业研究，16（3）：37-40.
舒立福，田晓瑞，马林涛. 1999. 林火生态的研究与应用[J]. 林业科学研究，12（4）：422-427.
舒立福，田晓瑞，向安民. 1999. 3S技术在林火管理中的应用[J]. 火灾科学，8（1）：12-18.
舒立福，田晓瑞. 1997. 国外森林防火工作现状及展望[J]. 世界林业研究，10（2）：28-36.
舒立福，田晓瑞. 1998. 近10年来世界森林火灾状况[J]. 世界林业研究，11（6）：31-36.
舒展. 2011. 气候变化对大兴安岭塔河林业局森林火灾的影响研究[D]. 哈尔滨：东北林业大学.
孙家宝. 2003. 帽儿山国家森林公园可燃物类型划分及火险等级预报系统的研究[D]. 东北林业大学.
孙明学. 2011. 塔河林区林火对土壤性质与植被恢复的影响[D]. 北京：北京林业大学.
孙玉成，马洪伟，王秀国，等. 2003. 加拿大火险天气指标（FWI）计算的初始化方法和解释[J]. 森林防火（4）：22-24.
田晓瑞，舒立福. 2003. 林火与可持续发展[J]. 世界林业研究，16（2）：38-41.

田晓瑞，王明玉，舒立福. 2003. 全球变化背景下的我国林火发生趋势及预防对策[J]. 林火研究（3）：32–34.
王超，高红真，程顺，等. 2009. 塞罕坝林区森林可燃物含水率及火险预报[J]. 林业科技开发，23（3）：59–62.
王得祥，徐钊，张景群，等. 1996. 细小可燃物含水率与气象因子关系的研究[J]. 西北林学院学报，11（1）：35–39.
王栋. 2000. 中国森林火险调查与区划[M]. 北京：中国林业出版社.
王会研，李亮，金森，等. 2008. 一种新的可燃物含水率预测方法介绍[J]. 森林防火，99（4）：11–12.
王会研，李亮，刘一，等. 2008. 加拿大火险天气指标系统在塔河林业局的适用性[J]. 东北林业大学学报，36（11）：45–47.
王家华，高海余. 1992. 利用循环交叉验证法确定变异函数[J]. 西安石油学院学报，7（4）：3–9.
王金叶，车克钧，傅辉恩，等. 1994. 可燃物含水率与气象要素相关性研究[J]. 甘肃林业科技（2）：21–23.
王瑞军，于建军，郑春艳. 1997. 森林可燃物含水率预测及燃烧性等级划分[J]. 森林防火（2）：16–17.
王文娟，常禹，刘志华，等. 2009. 大兴安岭呼中林区地表死可燃物含水量及其环境梯度分析[J]. 生态学杂志，28（2）：209–215.
王正非. 1988. 三指标林火预报法[M]. 北京：中国科学技术出版社.
王正非. 1990. 加拿大森林火险系统概述[M]. 北京：中国林业出版社.
邢玮. 2006. 大兴安岭北部林区林火干扰强度对森林群落影响研究[D]. 北京：北京林业大学.
徐化成. 1998. 中国大兴安岭森林[M]. 北京：科学出版社.
徐中儒. 1998. 回归分析与试验设计[M]. 北京：中国农业出版社.
阎厚. 2001. 森林火险等级预报系统的开发[J]. 林业资源管理，11（3）：69–73.
姚树人，文定元. 2002. 森林消防管理学[M]. 北京：中国林业出版社.
叶兵. 2000. 国内外森林防火技术及其发展趋势[D]. 北京：中国林业科学研究院.
于成龙，胡海清，魏荣华. 2007. 大兴安岭塔河林业局林火动态气象条件分析[J]. 东北林业大学学报，35（8）：23–27.
于成龙. 2007. 基于GIS和RS森林火险预测的研究[D]. 哈尔滨：东北林业大学.
于宏洲，金森，邸雪颖. 2013. 以时为步长的大兴安岭兴安落叶松林地表可燃物含水率预测模型[J]. 应用生态学报，24（6）：1 565–1 571.
于宏洲，金森，邸雪颖. 2013. 以时为步长的塔河林业局白桦林地表可燃物含水率预测方法[J]. 林业科学，49（12）：110–115.
于宏洲，舒立福，邓继峰，等. 2018. 以小时为步长的大兴安岭典型林分地表死可燃物含水率模型预测及外推精度[J]. 应用生态学报，29（12）：3 959–3 968.
曾涛，邸雪颖，于宏洲，等. 2010. 兴凯湖国家级自然保护区景观格局变化分析[J]. 北京林业大学学报，32（4）：52–58.
张景忠. 2000. 森林火灾经济损失分类初探[J]. 森林防火，11（2）：27–28.

张思玉，蔡金榜，陈细目. 2006. 杉木幼林地表可燃物含水率对主要火环境因子的响应模型[J]. 浙江林学院学报，23（4）：439–44.

赵凤君，舒立福，田晓瑞，等. 2005. 气候变化与林火研究综述[J]. 林火研究（4）：19–21.

赵凤君，舒立福，田晓瑞，等. 2007. 森林火险中长期预测预报研究进展[J]. 世界林业研究，20（2）：55–59.

赵颖慧. 2006. 大兴安岭示范区数字林业应用技术的研究[D]. 哈尔滨：东北林业大学.

郑焕能，邸雪颖，胡海清，等. 1992. 森林防火[M]. 哈尔滨：东北林业大学出版社.

郑焕能，居恩德. 1988. 林火管理[M]. 哈尔滨：东北林业大学出版社.

郑焕能. 1999. 生物防火[M]. 哈尔滨：东北林业大学出版社.

郑焕能. 2000. 中国东北林火[M]. 哈尔滨：东北林业大学出版社.

Anderson H E，Schuette R D，Mutch R W. 1978. Timelag and equilibrium moisture content of ponderosa pine needles[M]. Department of Agriculture，Forest Service，Intermountain Forest and Range Experiment Station.

Anderson H E. 1990. Moisture diffusivity and response time in fine forest fuels[J]. Canadian Journal of Forest Research，20（3）：315–325.

Anderson H E. 1990. Predicting equilibrium moisture content of some foliar forest litter in the northern Rocky Mountains[M]. US Department of Agriculture，Forest Service，Intermountain Research Station.

Bradshaw L S. 1984. The 1978 national fire-danger rating system：technical documentation[M]. US Department of Agriculture，Forest Service，Intermountain Forest and Range Experiment Station.

Byram G M. 1983. An analysis of the drying process in forest fuel material[M]. US Department of Agriculture，Southeastern Forest Experiment Station，Southern Forest Fire Laboratory.

Catchpole E A，Catchpole W R，Viney N R，et al. 2001. Estimating fuel response time and predicting fuel moisture content from field data[J]. International Journal of Wildland Fire，10（2）：215–222.

Chuvieco E，Aguado I，Dimitrakopoulos A P. 2004. Conversion of fuel moisture content values to ignition potential for integrated fire danger assessment[J]. Canadian Journal of Forest Research，34（11）：2 284–2 293.

Davies G M，Legg C，Smith A，et al. 2006. Developing shrub fire behaviour models in an oceanic climate：burning in the British Uplands[J]. Forest Ecology and Management（234）：S107.

Deeming J E，Burgan R E，Cohen J D. 1978. The Nation Fire Danger Rating System[J]. Washington DC：Forest Service，United States Department of Agriculture.

Ferguson S A，Ruthford J E，McKay S J，et al. 2002. Measuring moisture dynamics to predict fire severity in longleaf pine forests[J]. International Journal of Wildland Fire，11（4）：267–279.

Fosberg M A. 1971. Derivation of the 1-and 10-hour timelag fuel moisture calculations for fire-danger rating[M]. Rocky Mountain Forest and Range Experiment Station，Forest Service，US Department of Agriculture.

George M，Byram G M J. 1943. Solar radiation and forest fuel moisture [J]. Journal of Agricultural Research，67（4）：149–176.

González A D R，Hidalgo J A V. 2006. Moisture content of dead fuels in Pinus radiata and Pinus pinaster stands; intrinsic factors of variation[J]. Forest Ecology and Management（234）：S48.

Groot W J，Wang Y H. 2005. Calibrating the fine fuel moisture code for grass ignition potential in Sumatra，Indonesia[J]. International Journal of wildland fire，14（2）：161–168.

Jin S，Chen P. 2012. Modelling drying processes of fuelbeds of Scots pine needles with initial moisture content above the fibre saturation point by two-phase models[J]. International Journal of Wildland Fire，21（4）：418–427.

Kandya A K，Kimothi M M，Jadhav R N，et al. 1998. Application of Geographic Information System in Identification of' Fire-Prone' Areas-a Feasibility Study in Parts of Junagadh（Gujarat）[J]. Indian Forester，124（7）：531–536.

Lawson B D，Armitage O B，Hoskins W D. 1996. Diurnal variation in the Fine Fuel Moisture Code：tables and computer source code[R]. FRDA report.

Lopes S M G，Viegas D X，Viegas M T，et al. 2006. Moisture content of fine forest fuels in the Central Portugal（Lousa）for the Period 1996—2004[J]. Forest Ecology and Management，234（1）：S71.

Marsden-Smedley J B，Catchpole W R. 2001. Fire modelling in Tasmanian buttongrass moorlands. Ⅲ. Dead fuel moisture[J]. International Journal of Wildland Fire，10（2）：241–253.

Matthews S，Gould J，McCaw L. 2010. Simple models for predicting dead fuel moisture in eucalyptus forests[J]. International Journal of Wildland Fire，19（4）：459–467.

Matthews S，McCaw W L. 2006. A next-generation fuel moisture model for fire behaviour prediction[J]. Forest Ecology and Management（234）：S91.

Matthews S. 2006. A process-based model of fine fuel moisture[J]. International Journal of Wildland Fire，15（2）：155–168.

Muraro S J，Russell R N. 1969. Development of diurnal adjustments table for the Fine Fuel Moisture Code[M]. Forest Research Laboratory，Department of Fisheries and Forestry.

Nelson Jr R M. 1984. A method for describing equilibrium moisture content of forest fuels[J]. Canadian Journal of Forest Research，14（4）：597–600.

Nelson Jr R M. 2000. Prediction of diurnal change in 10–h fuel stick moisture content[J]. Canadian Journal of Forest Research，30（7）：1 071–1 087.

Nelson R M. 1969. Some factors affecting the moisture timelags of woody materials[M]. US Department of Agriculture，Forest Service，Southeastern Forest Experiment Station，

Pech G Y. 1989. A model to predict the moisture content of reindeer lichen[J]. Forest Science，35（4）：1 014–1 028.

Pellizzaro G，Cesaraccio C，Duce P，et al. 2006. Influence of seasonal weather variations and vegetative cycle on live moisture content and ignitability in Mediterranean maquis species[J]. Forest Ecology and Management（234）：S111.

Pook E W，Gill A M. 1993. Variation of live and dead fine fuel moisture in Pinus radiata plantations of the Australian-Capital-Territory[J]. International Journal of Wildland Fire，3（3）：155–168.

Rothermel R C. 1986. Modeling moisture content of fine dead wildland fuels：input to the BEHAVE fire prediction system[M]. US Department of Agriculture，Forest Service，Intermountain Research Station.

Ruiz A D，Maseda C M，Lourido C. 2002. Possibilities of dead fine fuels moisture prediction in Pinus pinaster Ait. stands at” Cordal de Ferreiros” （Lugo，north-western of Spain）[C]//Forest fire research and wildland fire safety：Proceedings of IV International Conference on Forest Fire Research 2002 Wildland Fire Safety Summit，Luso，Coimbra，Portugal，18–23 November 2002. Millpress Science Publishers.

Saglam B，Bilgili E，Kuçuk O，et al. 2006 . Determination of surface fuels moisture contents based on weather conditions[J]. Forest Ecology and Management（234）：S75.

Simard A J. 1968. The moisture content of forest fuels–I. A review of the basic concepts. Canadian Department of Forest and Rural Development，Forest Fire Research Institute[R]. Information Report FF–X–14.

Slijepcevic A，Anderson W. 2006. Hourly variation in fine fuel moisture in eucalypt forests in Tasmania[J]. Forest Ecology and Management，234（1）：S36.

Thonicke K，Venevsky S，Sitch S，et al. 2001. The role of fire disturbance for global vegetation dynamics：coupling fire into a Dynamic Global Vegetation Model[J]. Global Ecology and Biogeography，10（6）：661–677.

Toomey M，Vierling L A. 2005. Multispectral remote sensing of landscape level foliar moisture：techniques and applications for forest ecosystem monitoring[J]. Canadian Journal of Forest Research，35（5）：1 087–1 097.

Trevitt A C F. 1988. Weather parameters and fuel moisture content：standards for fire model inputs[C]//Proceedings of the Conference on Bushfire Modelling and Fire Danger Rating Systems.

Tudela A，Castro F X，Serra I，et al. 2006. Modelling and hourly predictive capacity of temperature and moisture of 10–h fuel sticks[J]. Forest Ecology and Management（234）：S74.

Van Wagner C E，Forest P. 1987. Development and structure of the canadian forest fireweather index system[C]Can. For. Serv. ，Forestry Tech. Rep.

Van Wagner C E. 1985. Equations and FORTRAN program for the Canadian forest fire weather index system[M]. Service canadien des foreˆts，Gouvernement du Canada.

Van Wagner C E. 1972. Equilibrium moisture contents of some fine forest fuels in eastern Canada. Canadian Forestry Service[R]. Information Report PS–X–36. Petawawa Forest Experimental Station，Chalk River，Ontario.

Van Wagner C E. 1977. Method of Computing Fine Fuel Moisture Content Throughout the Diurnal Cycle[M]. Petawawa Forest Experiment Station.

Viegas D X，Bovio G，Ferreira A，et al. 1999. Comparative study of various methods of fire danger evaluation in southern Europe[J]. International Journal of wildland fire，9（4）：235–246.

Viegas D X，Piñol J，Viegas M T，et al. 2001. Estimating live fine fuels moisture content using meteorologically-based indices[J]. International Journal of Wildland Fire，10（2）：223–240.

Viney N R，Catchpole E A. 1991. Estimating fuel moisture response times from field observations[J]. International Journal of Wildland Fire，1（4）：211–214.

Viney N R，Hatton T J. 1989. Assessment of existing fine fuel moisture models applied to Eucalyptus litter[J]. Australian Forestry，52（2）：82–93.

Viney N R. 1991. A review of fine fuel moisture modelling[J]. International Journal of Wildland Fire，1（4）：215–234.

Viney N R. 1992. Moisture diffusivity in forest fuels[J]. International Journal of Wildland Fire，2（4）：161–168.

Wagner C E V. 1982. Initial moisture content and the exponential drying process[J]. Canadian Journal of Forest Research，12（1）：90–92.

Weise D R，Fujioka F M，Nelson Jr R M. 2005. A comparison of three models of 1–h time lag fuel moisture in Hawaii[J]. Agricultural and Forest Meteorology，133（1–4）：28–39.

Wotton B M，Beverly J L. 2007. Stand-specific litter moisture content calibrations for the Canadian Fine Fuel Moisture Code[J]. International Journal of Wildland Fire，16（4）：463–472.

Yang G，Di X Y，Zeng T，et al. 2010. Prediction of area burned under climatic change scenarios：A case study in the Great Xing’an Mountains boreal forest[J]. Journal of forestry research，21（2）：213–218.

Yang G，Di X，Guo Q，et al. 2011. The impact of climate change on forest fire danger rating in China’s boreal forest[J]. Journal of Forestry Research，22（2）：249–257.

Yebra M，Chuvieco E，Riaño D. 2006. Investigation of a method to estimate live fuel moisture content from satellite measurements in fire risk assessment[J]. Forest Ecology and Management（234）：S32.

Yu H Z，Deng J F，Zhu H Y. 2018. Comparison of Three Vapour-exchange Methods for Describing Hourly Litter Moisture Content of Typical Forest Stands in Daxinganling Prefecture，Northeastern China[J]. Fresenius Environmental Bulletin，27（11）：7 316–7 325.